응용 메이크업

Applied
Make-up

저자약력

노보경 여주대학교 뷰티약손미용과 초빙교수

김유정 여주대학교 뷰티약손미용과 교수

서은혜 건국대학교 미래지식교육원 미용학과 전임교수

응용 메이크업

Applied Make-up

초판 인쇄 2019년 10월 1일
초판 발행 2019년 10월 10일

지은이 노보경, 김유정, 서은혜
발행인 조규백

발행처 도서출판 구민사
주소 (07293) 서울특별시 영등포구 문래북로 116, 604호(문래동3가 46, 트리플렉스)
전화 (02)701-7421~2
팩스 (02)3273-9642
홈페이지 www.kuhminsa.co.kr

신고번호 제 2012-000055호(1980년 2월 4일)
ISBN 979-11-5813-735-9 (13590)

정가 23,000원

Applied Make-up

응용 메이크업

노보경 · 김유정 · 서은혜 지음

구민사

preview

메이크업은 아름다움을 표현하고자 하는 인간의 욕구이자 본능이다. 메이크업을 어떻게 하느냐에 따라 개성이 달라지기 때문에 현대 사회에서는 남녀를 불문하고 메이크업에 대한 관심이 증대되고 있으며 다양한 메이크업이 국내외로 주목을 받고 있다.

이에 따라 메이크업 전문가의 필요성이 대두되었고, 메이크업 전문가가 되기 위해서는 특히 응용 메이크업의 트렌드를 파악하는 것이 중요하다.

본 교재는 현업에 종사하는 미용인과 미용과 학생들이 응용 메이크업의 트렌드를 파악하고 현장 실무에 직접적인 도움이 될 수 있도록 내용을 구성하였고, 또한 2016년 7월 도입된 메이크업 국가자격증 취득을 위해 기술적인 전문역량을 향상하고자 집필하였다. 이를 위해 뷰티 이미지 메이크업부터 시대별 클래식 메이크업, 캐릭터 메이크업, 스페셜 테마 메이크업에 이르기까지 체계적으로 정리하였고, 부록으로 관련 작품 사진을 수록하였다. 본서가 메이크업을 공부하는 분들께 작게나마 도움이 되기를 바란다.

마지막으로 본서를 출간할 수 있도록 도움을 주신 도서출판 구민사 조규백 대표님과 직원 분들께 깊은 감사를 드린다.

저자 일동

content

3. 캐릭터 메이크업

4. 스페셜 테마 메이크업

Applied Make-up

Beauty Image Make-up

뷰티 이미지 메이크업

1

Natural Make-up

내추럴 메이크업

내추럴이란 '자연의, 자연 그대로의'란 뜻으로 부드럽고 친근한 이미지이며 온화하고 편안한 느낌을 지니고 있다. 내추럴 이미지의 표현을 위해서는 아늑한 느낌의 연한 브라운 컬러나 다양한 톤의 그린, 핑크, 베이지, 페일톤의 오렌지 등 자연색을 사용하여 표현한다.

내추럴 이미지는 인위적이지 않고 자연스러우며 부드럽고 편안한 느낌으로 연출한다.

1)

패션 & 컬러

꾸미지 않고 자연스러운 자연이 가지는 느낌을 표현하기 위해 본래 체형을 거스르지 않고 과장이나 장식, 꾸밈을 배제한 자유롭고 소박한 실루엣의 패션을 추구한다.

천연소재인 면, 마, 울 등의 소재를 사용하여 자연미를 강조하고 자연에서 쉽게 접할 수 있는 패턴과 원단을 사용한다. 컬러는 아이보리, 베이지, 그린, 옐로우, 브라운 등의 유사배색을 사용하여 부드럽고 소프트한 이미지를 표현하는 것이 효과적이다.

2)

헤어 스타일

부드러운 질감과 꾸미지 않은 듯한 자연스러운 느낌으로 가벼운 웨이브나 롱 헤어 스타일로 헤어를 연출한다.

3)

메이크업 스타일

피부톤과 유사한 색을 사용한 자연스럽고 편안한 느낌으로 깔끔하게 표현한 메이크업이다.

과장되지 않은 자연스러운 피부 표현이 가장 중요하고 투명하고 산뜻한 표현으로 건강한 이미지를 강조하여 인위적이지 않은 아름다움을 표현한다. 이목구비의 표현은 얼굴의 형태나 피부 톤 등을 그대로 표현한 최소한의 메이크업으로 진행되므로 자신만의 자연스러움을 연출할 수 있고 사회 초년생이나 메이크업 초보자, 가벼운 외출 시에도 편안하게 할 수 있다.

● 베이스 메이크업

메이크업 재료와 도구를 준비하고 손과 도구류를 소독한다. 피부 톤에 적합한 메이크업 베이스를 선택하여 얇게 도포한다.

피부 톤과 비슷한 리퀴드 파운데이션을 사용하여 두껍지 않도록 자연스럽게 펴 바르고 피부의 결점을 커버하기 위하여 컨실러를 사용한다. 파우더는 파운데이션의 색상이 그대로 유지되는 투명파우더를 사용하여 자연스럽게 마무리한다.

● 아이브로우 메이크업

눈썹은 본래의 눈썹 모양을 최대한 살려 기본형에 가깝게 최대한 자연스럽게 그려준다.

● 아이 메이크업

아이 섀도는 펄이 없는 섀도를 사용하여 베이지 컬러로 아이홀과 언더부분 전체에 도포하고 브라운 컬러로 프레임-가로기법을 이용하여 경계가 생기지 않도록 자연스럽게 그라데이션한 후 언더라인 눈꼬리 부분 약 1/2~1/3 범위까지 연결해준다.

아이라인은 너무 두껍지 않게 표현하며 브라운 컬러의 섀도 타입이나 펜슬을 이용하여 속눈썹 사이를 메꾸어 그린다. 아이래시 컬러로 속눈썹을 컬링하여 마스카라로 마무리한다.

● 치크 메이크업

피치 컬러로 자연스럽게 혈색을 부여하는 정도로 광대뼈 안쪽에서 바깥쪽으로 그라데이션한다.

● 립 메이크업

베이지핑크 컬러로 건강하고 자연스럽게 표현한다.

● 뷰티 메이크업(내추럴) 일러스트

주제 :

20 년 월 일

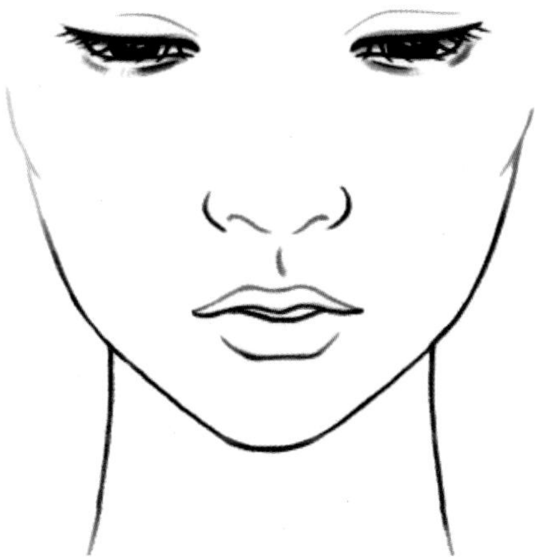

1. Skin

2. Eyebrow

3. Eye

4. Blusher & Shadow

5. Lip

2

Wedding Make-up

웨딩 메이크업

Ⅰ. 로맨틱 이미지

웨딩 메이크업은 영원히 기록되는 메이크업이기 때문에 신부의 아름다움을 최대한 표현해 주어야 한다. 드레스를 입은 신부의 모습은 화사하고 청순하며 사랑스러움을 잘 나타내어야 하며 신부의 이미지, 본식의 계절, 예식장에 맞는 드레스 등을 세심하게 계획하여 최고의 순간으로 남을 수 있도록 웨딩 메이크업을 진행하여야 한다.

1)

실내 웨딩 메이크업

실내 예식장에서의 웨딩의 경우 본식, 폐백, 사진 촬영 등의 장시간 일정으로 화장이 지워지거나 톤이 약해지는 것을 고려하여 화사함이 유지되면서 자연스러운 피부표현과 지속력에 가장 중점을 두어 메이크업을 진행하여야 한다.

메이크업의 패턴은 뷰티 트렌드에 기반을 둔 인위적이지 않고 자연스러운 깨끗한 메이크업이 주를 이룬다. 화사하고 청순하게 보이도록 한 톤 정도 톤 업하여 밝고 사랑스럽게 신부를 표현하는 것이 중요하다.

신부의 순결함과 고귀함을 강조하기 위해서는 너무 강한 아이 메이크업이나 컨투어링은 가급적 자제하는 것이 좋다. 웨딩드레스를 입었을 때 얼굴과 목의 경계선이나 팔, 데콜테 부위의 톤 차가 나지 않도록 파운데이션 메이크업을 고르게 해서 톤을 맞춰 주도록 하며 얼굴의 잡티나 단점은 컨실러로 커버하여 수정해 주어야 한다.

예식장의 크기와 실내조명, 콘셉트, 헤어스타일, 웨딩드레스 등을 고려하여 메이크업 주조색을 결정하여 이미지에 맞는 웨딩 메이크업을 하도록 한다.

2)

야외 웨딩 메이크업

최근 스몰웨딩이 사회적 트렌드로 부각되면서 하우스웨딩과 야외 웨딩 같은 이벤트나 파티 형식의 웨딩이 각광을 받고 있다.

따라서 이런 자연광에서의 메이크업은 촬영장소, 계절, 날씨와 예식 시간 등을 고려해야 한다. 자연스러운 윤곽 수정과 선명하고 깔끔한 색을 사용한 메이크업으로 신부의 모습이 야외에서 돋보이도록 웨딩 스타일링을 하는 것이 중요하다.

3)

메이크업 스타일 – 로맨틱 이미지

로맨틱 이미지는 여성스럽고 사랑스러운 이미지를 말하며 부드럽고 낭만적인 이미지를 표현해야 한다. 컬러는 원색보다는 부드럽고 은은한 핑크와 화이트, 파스텔 계통의 컬러를 주로 사용하며 연하고 밝은 컬러들을 배색하여 표현한다.

사랑스럽고 낭만적이며 부드러운 느낌의 로맨틱한 이미지를 살려 웨딩 메이크업을 한다.

● 베이스 메이크업

메이크업 재료와 도구를 준비하고 손과 도구류를 소독한다. 피부 톤에 적합한 메이크업 베이스를 선택하여 얇게 도포한다. 신부의 피부 톤에 적합한 파운데이션을 한 톤 밝게 바르고 얼굴형에 따라 자연스러운 섀딩과 하이라이트를 표현한다. 투명 파우더를 사용하여 자연스럽게 마무리한다.

● 아이브로우 메이크업

신부의 눈썹에 맞추어 흑갈색으로 눈썹 산이 각이 지지 않도록 둥근 느낌의 눈썹을 그려준다.

● 아이 메이크업

아이 섀도는 펄이 약간 가미된 연핑크색으로 아이홀과 언더라인 전체에 바르고, 프레임-가로 기법으로 연보라 컬러 아이 섀도를 사용하여 자연스러운 포인트를 주되 경계가 생기지 않도록 그라데이션한 후 언더라인 눈꼬리 부분 약 1/2~1/3 범위까지 연결해 준다. 아이라인은 속눈썹 사이를 메꾸어 눈매를 아름답게 교정하고, 뷰러를 이용하여 자연 속눈썹을 컬링한 후 인조 속눈썹과 마스카라로 마무리한다.

● 치크 메이크업

핑크 컬러로 애플존 위치에 둥근 느낌으로 바른다.

● 립 메이크업

핑크 컬러로 입술 안쪽을 짙게 바르고 바깥으로 그라데이션한 후 립글로스로 촉촉하게 마무리한다.

● 뷰티 메이크업(웨딩-로맨틱) 일러스트

주제 :

20 년 월 일

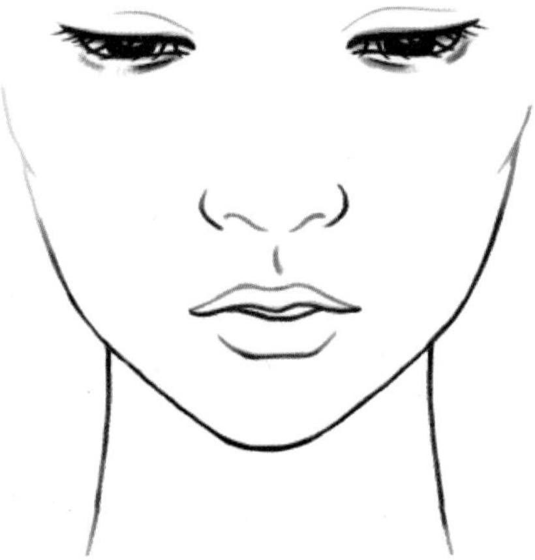

1. Skin

2. Eyebrow

3. Eye

4. Blusher & Shadow

5. Lip

Ⅱ. 클래식 이미지

클래식은 고급스럽고 고혹적인 이미지를 추구하는 품위 있는 스타일의 이미지로 밝고 화사한 느낌의 웨딩 메이크업 이미지에 고급스럽고 우아한 세련된 신부의 이미지를 표현한다.

● 베이스 메이크업

메이크업 재료와 도구를 준비하고 손과 도구류를 소독한다. 피부 톤에 적합한 메이크업 베이스를 선택하여 얇게 도포한다. 신부의 피부 톤에 적합한 파운데이션으로 결점을 커버하여 깨끗하고 안정되게 표현한다. 얼굴형에 따라 자연스러운 섀딩과 하이라이트로 윤곽을 수정한다. 파우더를 사용하여 매트하게 피부 표현을 마무리한다.

● 아이브로우 메이크업

눈썹은 신부의 눈썹 모양에 맞추어 흑갈색으로 눈썹산에 부드러운 각이 지도록 그려준다.

● 아이 메이크업

아이 섀도는 피치 컬러로 아이홀과 언더라인 전체에 바르고, 브라운 컬러의 아이 섀도로 프레임-가로기법의 표현법으로 속눈썹 라인에 깊이감을 주면서 눈두덩이에 경계가 생기지 않도록 그라데이션한 후 언더라인 눈꼬리 부분 약 1/2~1/3 범위까지 연결해 준다. 눈 앞머리의 위쪽과 아래쪽 연결부위에 골드펄을 사용하여 변화를 연출한다. 아이라인은 속눈썹 사이를 메꾸어 눈매를 아름답게 교정하고, 뷰러를 이용하여 자연 속눈썹을 컬링한 후 인조속눈썹과 마스카라로 마무리한다.

● 치크 메이크업

광대뼈 바깥쪽에서 안쪽 방향으로 피치 컬러로 연출한다.

● 립 메이크업

베이지 컬러를 사용하여 바르고 입술라인을 선명하게 표현하여 마무리한다.

● 뷰티 메이크업(웨딩–클래식) 일러스트

주제 :

20 년 월 일

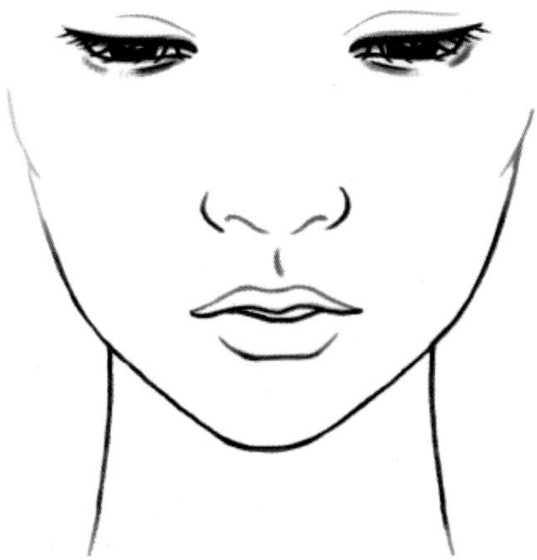

1. Skin

2. Eyebrow

3. Eye

4. Blusher & Shadow

5. Lip

3

Korean Traditional Costume Make-up

한복 메이크업

우리나라 고유 의상인 한복은 평소 의상보다 채도가 높은 편이므로 메이크업 역시 한복의 디자인이나 색상을 고려하여 컬러감을 표현해야 한다. 동양적인 특성을 살려 부드럽고 단아한 이미지로 화사하고 섬세하게 이미지를 표현하여야 한다.

직선과 곡선의 조화를 이해하고 화려하면서도 고상하게 한복의 컬러감을 고려하여 메이크업을 연출한다.

● 베이스 메이크업

메이크업 재료와 도구를 준비하고 손과 도구류를 소독한다. 피부 톤에 적합한 메이크업 베이스를 선택하여 얇게 도포한다. 피부 톤에 적합한 파운데이션을 선택하여 결점이 커버되도록 깨끗한 피부를 표현한다. 얼굴형에 따라 자연스러운 섀딩과 하이라이트로 윤곽을 수정한다. 파우더를 사용하여 가볍게 마무리한다.

● 아이브로우 메이크업

모델의 눈썹 모양에 맞추어 자연스러운 브라운 컬러로 눈썹을 표현한다.

● 아이 메이크업

아이 섀도는 펄이 있는 피치 컬러로 아이홀과 언더라인 전체에 바르고 브라운 컬러의 아이 섀도로 프레임-가로기법으로 아이라인 주변을 깊이감 있게 표현하고, 눈두덩이에 경계가 생기지 않도록 자연스럽게 그라데이션한 후 언더라인 눈꼬리 부분 약 1/2~1/3 범위까지 연결해 준다. 언더라인 부위에 밝은 크림색 섀도를 사용하여 애교살 메이크업을 연출한다. 아이라인은 속눈썹 사이를 메꾸어 눈매를 아름답게 교정하고, 뷰러를 이용하여 자연 속눈썹을 컬링한 후 인조속눈썹과 마스카라로 마무리한다.

● 치크 메이크업

오렌지 계열의 컬러를 선택하여 광대뼈 위쪽을 안쪽에서 바깥쪽 방향으로 블렌딩한다.

● 립 메이크업

오렌지 레드 컬러를 사용하여 바르고 입술라인을 선명하게 표현하여 마무리한다.

● 뷰티 메이크업(한복 메이크업) 일러스트

주제 :

20 년 월 일

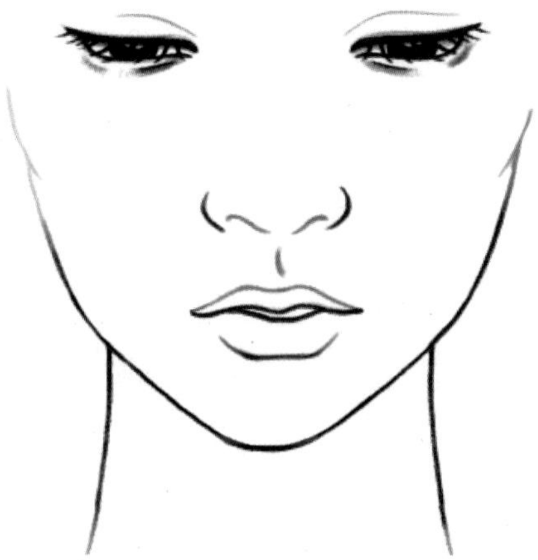

1. Skin

2. Eyebrow

3. Eye

4. Blusher & Shadow

5. Lip

4

Romantic Make-up

로맨틱 메이크업

로맨틱은 '여성스러운', '낭만적인', '사랑스러운' 등의 의미를 가진다. 부드럽고 귀여운 소녀의 감성을 표현한 분위기를 연출한다. 더 나아가 낭만적이고 환상적인 이미지를 표현해야 하며 청순한 느낌을 강조하기도 한다.

1)

패션 & 컬러

플라워 프린트나 레이스, 프릴, 셔링, 리본 등이 먼저 떠오르게 되는 로맨틱 이미지 스타일은 장식적인 디테일을 많이 사용하고 소녀의 귀엽고 사랑스러운 환상적인 이미지를 표현하기 위해 소재 역시 부드럽고 가벼운 비치는 듯한 원단을 많이 사용한다. 부드럽고 유연한 느낌의 표현을 위해 곡선 스타일의 원피스나 블라우스, 스커트 등이 선호된다.

로맨틱 이미지의 컬러는 원색보다는 부드럽고 은은한 파스텔 계열이나 화이트가 주를 이루고 페일 톤과 브라이트, 라이트 톤으로 배색하여 부드러운 로맨틱 이미지를 표현한다.

2)

헤어 스타일

볼륨과 웨이브가 있는 자연스럽고 사랑스러운 느낌의 부드러운 스타일을 추구한다. 굵은 웨이브와 땋은 헤어스타일 등으로 소녀의 청순한 이미지를 표현한다.

3)

메이크업 스타일

사랑스럽고 화사한 소녀의 이미지를 표현하는 핑크 컬러를 주조색으로 사용하고, 펄이나 글로스를 이용한 부드러운 곡선의 터치 법으로 발그스레한 소녀의 낭만적인 이미지 메이크업을 연출한다.

● 베이스 메이크업

메이크업 재료와 도구를 준비하고 손과 도구류를 소독한다. 모델의 피부 톤에 적합한 메이크업 베이스를 선택하여 얇게 바른다. 핑크 톤이나 피치 톤의 파운데이션을 선택하여 자연스럽고 투명한 느낌의 피부를 표현한다. 동일한 톤의 파우더를 사용하여 화사하고 가볍게 마무리하며 브러시를 사용하여 펄 파우더로 하이라이트를 해 주어 화사함을 더해 준다.

● 아이브로우 메이크업

눈썹은 브라운 컬러를 사용하여 최대한 자연스럽게 본래의 눈썹 모양에 맞추어 표현한다. 눈썹산을 각지지 않도록 부드럽고 어려 보이게 표현하며 투명 아이브로우 마스카라를 사용하여 더욱 자연스럽도록 눈썹결을 살려 준다.

● 아이 메이크업

아이 섀도는 핑크, 옐로우, 피치, 코랄 오렌지 등의 파스텔 계열의 컬러를 사용하여 환상적이면서 몽환적인 꿈꾸는 소녀의 이미지를 표현한다. 진한 핑크 컬러나 퍼플 등의 포인트 컬러로 색을 더해 줄 수 있으나 부드러운 느낌의 표현을 하도록 한다. 다양한 펄감을 연출하여 환상적인 이미지를 연출하고 화이트 펄을 사용하여 하이라이트를 준다.

자연스러운 브라운 아이라이너로 눈매를 보완하고 속눈썹을 컬링한 후 마스카라를 사용하여 마무리한다. 아이라인은 너무 두껍지 않게 표현하며 브라운 컬러의 섀도 타입이나 펜슬을 이용하여 속눈썹 사이를 메꾸어 그린다. 아이래시 컬러로 속눈썹을 컬링하여 마스카라로 마무리한다.

● 치크 메이크업

귀엽고 사랑스러우며 어려보이는 느낌을 표현하기 위해 크림이나 파우더 타입의 피치, 핑크 컬러로 광대뼈 윗부분과 애플존 부위에 소녀의 느낌으로 발그스레하게 표현한다.

● 립 메이크업

촉촉한 입술 표현에 중점을 두어 립글로스나 자연스러운 펄이 포함된 립 제품을 사용한다. 부드러운 핑크나 피치, 코랄 컬러의 립스틱으로 글로시하게 표현한다.

5

Classic Make-up

클래식 메이크업

클래식은 유행에 크게 영향을 받지 않는 보수적이고 전통적인 스타일을 말하며 세대를 초월한 가치와 보편성을 갖는 고전적인 스타일을 추구하여 품위와 격조를 지향한다.

전체적인 느낌이 안정적이고 품위가 있으며, 차분하고 조화로운 이미지로 귀족적이고 지적인 스타일의 이미지를 표현한다.

1)
패션 & 컬러

클래식의 스타일은 오랫동안 이어온 전통적인 스타일의 테일러드 슈트나 카디건 슈트, 샤넬 슈트 등의 단정한 느낌의 스타일을 말한다.

차분하고 안정감 있는 무채색이나 브라운 베이지, 와인, 골드, 그린 컬러 등의 다크 톤이나 딥 톤 등을 주조색으로 사용하고 있다.

2)
헤어 스타일

지적인 느낌의 심플한 스타일로 스타일링하며 웨이브 없이 볼륨감을 준 포니테일형, 깔끔한 단발머리, 시뇽스타일의 단아한 묶은 머리 등의 클래식 스타일에 어울린다.

3)

메이크업 스타일

차분하고 깔끔한 정돈된 스타일을 전통적인 분위기로 연출하는 것이 메이크업 포인트이다.

● 베이스 메이크업

메이크업 재료와 도구를 준비하고 손과 도구류를 소독한다. 모델의 피부 톤에 적합한 메이크업 베이스를 선택하여 얇게 바른다. 차분한 베이지 계열의 파운데이션을 선택하여 깨끗하게 피부를 표현한다. 입체감 있는 안정된 피부 표현을 위해 하이라이트와 섀딩 파운데이션을 사용하여 컨투어링한다. 파우더를 사용하여 자연스럽게 마무리한다.

● 아이브로우 메이크업

눈썹은 브라운 컬러나 그레이 컬러를 사용하여 눈썹산을 약간 각이 지도록 하며, 선을 자연스럽게 강조하여 깔끔하게 그려준다.

● 아이 메이크업

아이 섀도는 아이보리나 베이지 컬러로 눈두덩이에 자연스럽게 그라데이션하여 펴 바른다. 골드, 브라운 계열, 와인, 카키, 오렌지 컬러로 깊이감 있는 눈매를 표현한다. 아이라이너를 사용하여 속눈썹 사이를 그리고, 속눈썹을 컬링하고 마스카라를 사용하여 깨끗하면서도 자연스러운 눈매를 표현한다.

● 치크 메이크업

부드러운 코랄 컬러를 사용하여 광대를 감싸면서 입꼬리를 향해 자연스럽게 블렌딩한다.

● 립 메이크업

브라운이나 오렌지, 피치 베이지, 혹은 와인 계열의 세미매트 질감의 립스틱으로 지적인 느낌을 표현하여 마무리한다.

6

Elegance Make-up

엘레강스 메이크업

엘레강스는 우아한 아름다움을 품위 있고 고급스럽게 표현하는 이미지를 말한다. 페미닌하면서도 기품 있는 차분한 느낌을 은은하고 부드럽게 표현하여 엘레강스 이미지를 연출하도록 한다.

고상하면서도 세련된 온화한 분위기의 성숙한 여성의 아름다움을 표현한다.

1)

패션 & 컬러

곡선적인 실루엣의 드레스나 인체미를 살린 고상한 스타일링이 주를 이룬다.

둥근 어깨라인의 롱드레스나 루스핏의 드레스, 레이스나 프릴 블라우스 등의 여성스러움을 강조한 의상들이 있다. 페일 톤의 채도가 낮은 핑크나 와인, 퍼플 컬러나 파스텔 계열, 레드나 그레이 컬러 등의 성숙하고 우아한 컬러들을 주조색으로 사용하여 스타일링한다. 광택이 있는 소재를 패션에 주로 활용하여 고상한 세련미를 표현한다.

2)
헤어 스타일

고상하고 우아한 굵은 웨이브의 롱 헤어스타일과 가볍고 느슨하게 묶어 주는 스타일이 선호되고, 자연스럽게 볼륨감을 살린 업스타일의 헤어스타일이 잘 어울린다.

3)

메이크업 스타일

메이크업은 차분하면서도 우아하고 품위 있는 아름다움을 표현하도록 한다. 은은하고 부드러운 컬러들을 사용하여 자연스러운 선의 느낌으로 메이크업한다. 따뜻한 느낌의 여성스럽고 엘레강스한 이미지를 표현하여 전체적인 스타일링에 어울리게 메이크업을 디자인한다.

● 베이스 메이크업

메이크업 재료와 도구를 준비하고 손과 도구류를 소독한다. 피부 톤에 적합한 메이크업 베이스와 한 톤 밝은 파운데이션을 선택하여 바르고, 컨실러를 사용하여 눈 밑 다크서클이나 잡티를 커버하여 깨끗한 피부를 표현한다.

지나친 입체감의 표현은 딱딱한 이미지로 보일 수 있기 때문에 피하는 것이 좋고 자연스러운 컨투어링으로 안정된 피부 톤을 표현한다. 파우더를 사용하여 매트한 질감으로 밝고 화사하게 표현한다.

● 아이브로우 메이크업

브라운 컬러나 그레이 브라운 컬러를 이용하여 부드러운 곡선의 형태로 자연스럽게 표현한다. 지나치게 두꺼운 눈썹보다는 자연스러운 눈썹의 두께로 조금 길게 그려주는 것이 좋다.

● 아이 메이크업

아이 섀도는 자연스러운 파스텔 계열의 컬러로 눈두덩이 전체에 베이스 표현을 해주고 인디언 핑크, 퍼플, 와인, 더스티 로즈, 그레이, 브라운 계열로 포인트를 주어 그윽하고 깊이감 있는 눈매를 표현한다.

아이라이너는 점막 부분을 꼼꼼히 채워주고 눈꼬리를 빼주는 느낌으로 표현한다. 자연 속눈썹을 컬링한 후 마스카라로 풍성한 속눈썹을 표현하여 마무리한다.

● 치크 메이크업

핑크나 퍼플 계열의 컬러를 사용하여 광대뼈를 중심으로 자연스럽고 부드럽게 펴 바른다.

● 립 메이크업

핑크 계열의 컬러나 퍼플, 와인, 브라운 컬러를 사용하여 부드러운 곡선 형태의 립 모양으로 세련되고 차분하며 여성스러운 분위기를 연출한다.

7

Mannish Make-up

매니시 메이크업

남성적인 느낌이 강하고, 활동적이고 독립적인 당당한 여성의 이미지를 말한다. 남녀평등의 의미를 포함하고 있으며 남성적이면서도 세련되고 트렌디한 이미지를 부각할 수 있는 스타일을 표현해 주는 것이 중요하다.

1)

패션 & 컬러

남성적인 패션 이미지로 앤드로지너스, 젠더리스, 유니섹스 스타일을 포함한다.

밀리터리나 댄디, 마린 등의 스타일을 응용하여 직선적이고 활동적인 느낌을 표현하고 있다. 매니시 스타일은 로맨틱 이미지와 상반된 분위기로 남성적인 이미지를 표현하기 위해 블랙과 그레이 등의 무채색이나 블루, 그린, 청회색 계열로 세련되고 안정된 느낌을 주도록 그레이시 톤이나 딥 톤을 사용한다.

디자인은 테일러드 슈트나 각진 오버사이즈 재킷과 셔츠블라우스 스타일에 심플한 바지를 매치하는 스타일 등을 선호한다.

2)
헤어 스타일

헤어 스타일은 남성적인 이미지를 기본으로 짧은 커트나 심플한 단발머리 스타일이 주를 이루고 있다. 직모 헤어의 세미 롱 스타일로 세련되게 표현할 수 있으나 웨이브 헤어나 화려한 컬러, 장식이 있는 헤어 스타일은 피하는 것이 좋다.

3)

메이크업 스타일

매니시 스타일의 메이크업은 카리스마가 느껴지는 활동적인 커리어 우먼의 세련된 이미지를 표현할 수 있는 메이크업으로 스타일링하는 것이 중요하다. 화려한 색조나 광택감보다는 심플하면서도 선이 굵은 모던한 메이크업이 어울린다.

● 베이스 메이크업

메이크업 재료와 도구를 준비하고 손과 도구류를 소독한다. 피부 톤에 적합한 메이크업 베이스를 선택하여 바른다. 한 톤 어두운 파운데이션을 선택하여 바르고 자연스러운 컨투어링을 통해 윤곽을 돋보이게 해준다. 옐로우기가 있는 파우더를 사용하여 매트한 피부 표현을 완성한다.

● 아이브로우 메이크업

남성스러운 이미지를 표현하기 위해 블랙그레이 컬러나 다크브라운 컬러를 사용하여 약간 진하고 두껍게 표현해 주며 눈썹산을 강조한다. 아이브로우 마스카라를 사용하여 눈썹결을 살려 주어 보이브로우 이미지로 마무리한다.

● 아이 메이크업

색조 메이크업은 최소화하여 심플하게 표현해야 하므로 내추럴 브라운 계열의 색상으로 음영 베이스를 해주고 블랙, 그레이, 카키, 다크브라운 컬러의 아이라이너와 마스카라를 이용해 또렷한 눈매를 표현한다.

● 치크 메이크업

브라운 계열의 블러셔를 선택하여 선이 강조된 윤곽을 표현한다.

● 립 메이크업

베이지 톤의 립스틱으로 자연스러운 입술 컬러를 표현하거나 트렌드 콘셉트에 따라 버건디 계열의 짙은 컬러를 사용하기도 한다. 또한 글로시하지 않도록 매트 립으로 마무리한다.

8

Sportive Make-up

스포티브 메이크업

최근 건강과 레저스포츠에 대한 관심이 커짐에 따라 대중화된 등산, 골프, 스키, 테니스 등의 스포츠 활동이 중요시되었다. 이에 따라 경쾌하고 활동적이며 밝고 생동감 있는 감성을 표현하는 스포티브 이미지가 뷰티 트렌드로 부각되고 있다. 메이크업은 스포츠를 즐기는 밝고 건강하고, 활동적인 이미지를 표현하는 것이 중요하다.

1)

패션 & 컬러

패션에서는 편안하고 활동적인 스포츠웨어의 기능적인 요소를 경쾌하고 생동감 있는 스타일로 표현한 의상들이 주를 이룬다. 다이내믹하고 활동적이며 유쾌한 스타일로 기하학적이고 추상적인 스포티한 패턴과 대담한 로고를 사용하는 점퍼나 스포츠웨어를 연출한다.

선명하고 강한 원색이나 강한 대비의 컬러매치로 생동감과 역동적인 활동성을 표현한다.

2)

헤어 스타일

헤어 스타일은 활동적인 이미지를 표현하기 위해 짧은 커트 머리나 포니테일 머리로 경쾌한 느낌을 준다. 헤어밴드를 사용하거나 헤어 컬러 연출, 스포티브한 헤어소품 사용 등으로 건강하고 밝은 이미지를 표현할 수 있다.

3)

메이크업 스타일

야외 활동을 고려하여 자외선에 의한 피부 손상을 막기 위해 자외선 차단제를 철저하게 바르고, 메이크업의 지속력을 위해 땀이나 물에 지워지지 않는 워터프루프 타입의 제품을 사용하도록 한다. 또한 짙고 어두운 컬러의 메이크업보다는 밝고 깨끗한 느낌의 컬러를 사용하여 원포인트 메이크업을 하는 것이 좋다.

● 베이스 메이크업

메이크업 재료와 도구를 준비하고 손과 도구류를 소독한다. 피부 톤에 적합한 메이크업 베이스를 선택하여 바른다. 리퀴드 파운데이션을 선택하여 자연스럽게 피부를 표현한다. 투명파우더를 사용하여 마무리하되 너무 매트한 피부 표현은 건강해 보이지 않을 수 있으므로 자연스러운 글로우를 표현한다.

● 아이브로우 메이크업

모발의 컬러에 맞추어 본래의 눈썹모양을 살려 자연스럽게 표현한다.

● 아이 메이크업

스포티브 의상의 경우에는 원색 계열의 컬러가 많으므로 이들 컬러 중 한 가지를 선택하여 주조색으로 사용하는 것이 좋다. 옐로우, 그린, 오렌지, 핑크 컬러를 심플하게 펴 바르고 눈 모양에 맞는 아이라이너로 눈을 또렷하게 표현한다. 컬러 펜슬이나 컬러 마스카라를 사용하여 트렌디한 스타일을 연출할 수 있다.

● 치크 메이크업

자연스럽고 옅은 컬러의 핑크나 피치 색상을 사용하여 볼 안쪽을 스치듯이 펴 발라 생기와 발랄함을 표현한다.

● 립 메이크업

아이 섀도와 유사 색상을 선택하여 건강함을 표현하거나 활동적인 보색 컬러의 대비효과로 다이내믹하고 색다른 느낌을 표현한다. 글로시한 립 표현으로 건강하고 활동적인 메이크업으로 마무리한다.

9

Modern & Simple Make-up

모던 & 심플 메이크업

모던&심플은 도시적인 감성과 하이테크의 세련된 표현으로 현대적인 이미지를 나타낸다.

샤프하고 차가운 세련미를 절제된 도시적 감각으로 표현하는 모던&심플 이미지는 시크한 선진 감각의 이미지를 최대한 표현하여 카리스마가 감도는 트렌디한 이미지의 스타일을 잘 표현해 주어야 한다.

1)

패션 & 컬러

도시적인 감각과 합리적이면서 샤프한 현대적 감각의 패션을 추구한다.

디테일한 장식을 절제한 심플한 디자인과 직선적이고 기능적인 스타일로 세련된 이미지를 표현하며, 기하학적인 무늬나 스트라이프 등을 사용하여 전문직 종사자들에게 선호되는 패션 스타일이다. 도시적이고 심플하며 미래지향적인 이미지의 컬러인 블랙과 화이트, 그레이 등의 무채색 모노 톤이 많으며 딥 톤, 그레이시 톤, 다크 톤들이 주를 이룬다.

2)

헤어 스타일

헤어 스타일은 복잡하고 장식적인 느낌을 배제한 단정하고 심플한 단발 헤어나 비대칭적인 커트, 또는 짧은 보이시 헤어 커트로 현대적이고 도시적인 감각미를 보여 준다.

3)

메이크업 스타일

모던하고 심플한 도회적인 룩에 맞추어 한색계열과 무채색의 분위기로 도시적인 감각을 표현한다. 아방가르드한 콘셉트의 잡지나 광고, 패션 컬렉션 트렌드로 활용되는 감각적인 메이크업이다.

● 베이스 메이크업

메이크업 재료와 도구를 준비하고 손과 도구류를 소독한다. 피부 톤에 적합한 메이크업 베이스를 선택하여 바른다. 파운데이션을 꼼꼼하게 발라주고 하이라이트와 섀딩을 이용하여 가볍게 컨투어링 해준다. 투명 파우더를 사용하여 깨끗하게 마무리해 준다. 화이트 펄이 함유된 파우더를 사용하여 차가운 느낌의 하이라이트를 추가 표현할 수 있다.

● 아이브로우 메이크업

모발 색상에 맞추어서 표현하되 눈썹의 형태와 각을 살려서 심플하게 표현한다.

● 아이 메이크업

화이트, 그레이, 블루 그레이, 블루퍼플 등의 컬러를 주조색으로 하여 같은 계열의 다크 컬러로 눈꼬리 포인트를 준다. 펄이 있는 제품을 적절히 사용하면 색조 표현을 돋보이게 연출할 수 있다. 아이라이너를 점막부터 촘촘히 메워 깊이감을 주면서 깨끗하게 표현한다.

마스카라로 속눈썹을 한 올 한 올 살려 아이 메이크업을 마무리한다.

● 치크 메이크업

피치브라운 컬러를 사용하여 얼굴의 윤곽을 수정하면서 사선의 느낌으로 표현한다.

● 립 메이크업

핑크 계열, 와인 계열, 쿨 톤의 레드 계열 등의 립스틱을 사용하여 차갑고 심플한 느낌을 주거나 컬러감이 없는 창백한 톤에 펄이나 글로시한 질감으로 마무리해 준다.

10

Ethnic Make-up

에스닉 메이크업

에스닉은 '민족주의', '인종의', '전통적인'이라는 의미를 가지고 있는 이국적인 이미지로 자연적이고, 토속적인 스타일을 말한다.
세계 여러 민족의 민속의상이나 그들이 가지는 고유의 직물, 염색, 자수, 패턴, 액세서리 등에서 영감을 얻어 토속적이면서 소박하고 자연스러운 아름다움을 표현하는 이미지라 할 수 있다. 민족 고유의 신비스러움을 표현하는 에스닉은 다음과 같은 이미지를 포함하고 있다.

- **오리엔탈리즘(Orientalism):** '동양의', '동양적인'이라는 뜻으로 동양권의 느낌을 표현
- **포크로어(Folklore):** 인디언 룩, 페전트 룩 등 소박한 농어민의 전통적인 민속의상이나 유럽지방을 대표하는 기독교 문화권의 민속의상 스타일
- **이그조틱(Exotic):** 이국적인 스타일의 낯설고 색다른 멋을 추구하는 이미지로 과거에 대한 회상과 향수로서의 민속 이미지
- **트로피컬(Tropical):** 남태평양 제도와 하와이, 카리브, 인도네시아, 중남미, 아프리카 등의 열대지방 민속의상 스타일

1)

패션 & 컬러

세계 여러 나라의 민속의상에서 느껴지는 전통적인 직물, 실루엣, 디테일, 문양 등을 의상에 적용하여 토속적인 스타일을 표현한다. 민속적이고 전통적인 소재를 사용하여 자연을 모티브로 한 문양이나 기하학적이고 추상적인 문양으로 에스닉 스타일을 표현한다.

강렬한 원색의 색채를 사용하거나 난색 계열의 색상으로 화려함을 더해줄 수 있고, 각 나라의 고유한 풍속이나 민족을 상징하는 옐로우, 오렌지, 브라운, 그린, 퍼플 등의 컬러들을 배색하여 표현한다.

2)
헤어 스타일

헤어 스타일은 자연스럽게 푼 긴 머리나 여러 갈래로 땋은 머리 스타일로 민족 특유의 이미지를 표현한다.

3)

메이크업 스타일

메이크업은 각 나라의 특징을 잘 표현하여 신비스러움을 표현해 준다. 의상이나 전체적인 스타일에서 힌트를 얻어 표현하고자 하는 민족의 이미지를 표현하도록 한다.

● 베이스 메이크업

메이크업 재료와 도구를 준비하고 손과 도구류를 소독한다. 피부 톤에 적합한 메이크업 베이스를 선택하여 바른다. 다양한 인종의 피부 톤을 이해하여 파운데이션의 종류와 컬러를 선택한다.

– 중국, 일본 등의 동양계: 밝은 베이지나 화이트를 첨가한 파운데이션

– 인도, 이집트, 중동, 아메리카 인디언 등의 에스닉: 어두운 다갈색이나 태닝 스타일의 피부 표현

● 아이브로우 메이크업

기본적으로 각 국가별 민족의 특성에 맞게 표현해야 한다. 동양적인 느낌을 나타내고자 할 때에는 가늘고 섬세한 눈썹을 그리도록 한다.

● 아이 메이크업

민속의상의 콘셉트나 각 민족이 선호하는 상징성 있는 컬러들을 사용하여 주조색을 선택하고, 펄이나 피그먼트를 사용하여 선명하고 신비스러움을 표현해 준다. 아이라이너로 메이크업 콘셉트에 맞는 민족의 눈매를 표현한다.

마스카라로 속눈썹을 한 올 한 올 살려 아이 메이크업을 마무리한다.

● 치크 메이크업

핑크나 오렌지, 혹은 레드 브라운 등의 컬러로 둥글게 볼의 윤곽을 표현하거나, 라이트 레드 계열로 섀도와 연결하여 오리엔탈 느낌의 혈색을 준다. 라이트 브라운골드 컬러의 펄 파우더를 사용하여 에스닉한 신비스러운 느낌을 더할 수 있다.

● 립 메이크업

자연스러운 베이지 코랄 컬러나 선명한 색채를 다양하게 사용하여 민족과 국가의 특징을 표현할 수 있다.

11

Trend Image Make-up

트렌드 이미지 메이크업

새로운 시즌의 뷰티 트렌드 이미지를 표현하기 위해서는 트렌드 조사가 우선되어야 한다. 즉 패션, 헤어 스타일, 컬러, 메이크업, 네일, 메이크업 제품 정보 등 각 분야의 트렌드를 파악하여 그 시기의 흐름에 따라 뷰티 트렌드를 적용하여야 한다.

_______ 년도 / SS / FW Trend Research & Analysis

1)

패션 & 컬러

패션	
컬러	

2)
헤어 스타일

3)

메이크업 스타일

글로우&스트로빙 메이크업

'촉촉한', '광택 있는', '빛나는' 등의 뜻으로 메이크업의 질감 중 매트와 반대되는 피부 표현을 말한다. 글로우&스트로빙 메이크업은 내추럴하면서 촉촉하게 빛나는 메이크업으로 스킨케어 단계에서부터 피부의 보습과 촉촉함을 살리고 윤기와 광을 표현할 수 있는 제품을 사용하여 피부의 질감과 입체감을 표현해 주어야 한다.

▶

● 베이스 메이크업

피부의 질감 표현은 광택이 있으면서 깨끗해야 한다. 너무 두꺼운 피부 표현으로 답답하거나 매트한 느낌이 들지 않도록 메이크업 베이스 단계부터 자연스러운 글로우 제품을 차곡차곡 펴발라 준다. 리퀴드 파운데이션을 수분감 있도록 바르고 컨실러를 사용하여 다크서클이나 잡티를 커버하며 유분기가 많은 부분에는 브러시로 파우더를 가볍게 터치해 준다.

▶

● 아이브로우 메이크업

자연스럽고 빛이 나는 피부 표현이 포인트이므로 헤어 컬러에 맞는 눈썹결을 살린 자연스러운 눈썹을 그려준다.

▶

● 아이 메이크업

눈을 강조한 세미 스모키 스타일로 표현한다. 일반 글로우&스트로빙 메이크업의 경우는 펄이 들어간 자연스러운 파스텔 컬러인 코랄, 피치, 핑크, 소프트 브라운 등으로 가볍게 눈두덩이에 발라서 음영을 표현한다. 속눈썹 사이사이를 메꾸듯이 아이라이너를 그리되 트렌드 적용에 따라 아이라이너의 강도를 결정할 수 있다.

▶

● 치크 메이크업

피치나 핑크 컬러의 펄이 함유된 제품을 사용하거나 크림 블러셔로 자연스럽게 볼을 중심으로 표현한다.

▶

● 립 메이크업

글로스를 사용한 글로우한 입술 표현으로 전체적인 메이크업 이미지를 통일하고, 촉촉함을 부각시킨다.

▶

12

Retro Make-up

레트로 메이크업

레트로는 '회상', '회고', '추억'이라는 'Retrospect'의 준말로 옛것을 그리는 즉, 옛날로 돌아가고자 하는 마음이나 과거의 전통을 그리워하여 그것을 취하려고 하는 복고주의를 지향하는 행동양식을 말한다.

과거의 스타일은 현대에 향수를 불러일으켜 대중들에게 익숙한 양식을 느끼게 한다. 이를 현대에 맞게 새로운 표현성을 부여하여 세련된 스타일로 재해석한 것이 현재의 새로운 트렌드로 자리 잡게 되었다.

1)

패션 & 컬러

도시적인 감각과 세련미, 합리적이면서 샤프한 현대적 감각의 패션을 추구한다. 디테일한 장식을 절제한 심플한 디자인과 직선적이고 기능적인 스타일로 세련된 이미지를 표현하며 기하학적인 무늬나 스트라이프 등을 사용하여 전문직 종사자들에게 선호된다. 도시적이고 심플하며 미래지향적인 이미지의 컬러인 블랙과 화이트, 그레이 등의 무채색 모노 톤이 많으며 딥 톤, 그레이시 톤, 다크 톤들이 주를 이룬다.

2)

헤어 스타일

헤어 스타일은 복잡하고 장식적인 느낌을 배제한 단정하고 심플한 단발 헤어나 비대칭적인 커트, 또는 짧은 보이시 헤어 커트로 현대적이고 도시적인 감각미를 보여준다.

3)

메이크업 스타일

모던하고 심플한 도회적인 룩에 맞추어 한색 계열과 무채색의 분위기로 도시적인 감각을 표현한다. 아방가르드한 콘셉트의 잡지나 광고, 패션 컬렉션 트렌드로 활용되는 감각적인 메이크업이다.

● 베이스 메이크업

메이크업 재료와 도구를 준비하고 손과 도구류를 소독한다. 피부 톤에 적합한 메이크업 베이스를 선택하여 바른다. 파운데이션을 꼼꼼하게 발라주고 하이라이트와 섀딩을 이용하여 가볍게 컨투어링한다. 투명 파우더를 사용하여 깨끗하게 마무리해 준다.

화이트 펄이 함유된 파우더를 사용하여 차가운 느낌의 하이라이트를 추가 표현할 수 있다.

● 아이브로우 메이크업

모발 색상에 맞추어서 표현하되 눈썹의 형태와 각을 살려서 심플하게 표현한다.

● 아이 메이크업

화이트, 그레이, 블루 그레이, 블루 퍼플 등의 컬러를 주조색으로 하여 같은 계열의 다크 컬러로 눈꼬리에 포인트를 준다. 펄이 있는 제품을 적절히 사용하면 색조 표현을 돋보이게 연출할 수 있다. 아이라이너를 점막부터 촘촘히 메워 깊이감을 주면서 깨끗하게 표현한다.

마스카라로 속눈썹을 한 올 한 올 살려 아이 메이크업을 마무리한다.

● 치크 메이크업

피치브라운 컬러를 사용하여 얼굴의 윤곽을 수정하면서 사선의 느낌으로 표현한다.

● 립 메이크업

핑크 계열, 와인 계열, 쿨 톤의 레드 계열 등의 립스틱을 사용하여 차갑고 심플한 느낌을 주거나 컬러감이 없는 창백한 톤에 펄이나 글로시한 질감으로 마무리해 준다.

Applied Make-up

Classic Make-up

클래식 메이크업

1

1900's Make-up

1900년대 메이크업

1)

메이크업

2)

헤어

3)
패션

E FOR
N SUFFRAGE
NOV. 2ND.

2

1910's Make-up

1910년대 메이크업

1)

메이크업

2)

헤어

3)

패션

3

1920's Make-up

1920년대 메이크업

1)

메이크업

2)

헤어

3)

패션

● 베이스 메이크업

밝은 톤의 파운데이션을 사용하여 창백하고 커버력 있는 빈틈없는 피부 표현에 중점을 둔다.

컬러 보정이 가능한 메이크업 베이스를 도포하고 커버력 있는 밝은 톤의 파운데이션을 선택하여 꼼꼼히 바른다. 밝고 투명한 파우더를 사용하여 유분기를 제거하고 베이스를 완성한다.

● 아이브로우 메이크업

눈썹은 가늘고 진하게 그레이 컬러와 블랙 컬러의 섀도와 펜슬을 사용하여 인위적으로 그려 준다. 얇은 일자 형태의 눈썹으로 눈꼬리 부분이 아래 방향으로 처지도록 눈썹의 모양을 완성한다.

● 아이 메이크업

윤곽을 강조하는 인위적인 눈매를 표현하기 위해 눈썹뼈 부분에 화이트 섀도를 강하게 넣고 아이 홀 메이크업은 브라운, 그레이, 블랙 컬러를 눈 주변으로 짙게 그라데이션해서 번진 듯한 눈매를 표현한다. 검은색의 코울 아이라인으로 눈의 위와 아래 점막까지 꼼꼼하게 메워 인위적인 눈매를 만들어 주고, 아이래시 컬러로 자연 눈썹의 컬을 만들어 주어 마스카라로 장식적인 눈을 완성한다.

● 치크 메이크업

장밋빛 핑크 컬러나 라즈베리 컬러의 색상으로 볼 부위를 넓고 둥근 느낌으로 블렌딩해 준다.

● 립 메이크업

작고 얇은 장미꽃 봉오리 형태의 입술을 표현하기 위해 립라이너 펜슬을 이용하여 인커브의 형태로 작고 둥글게 그려준 후 검붉은 레드 컬러나 어두운 장미 색상의 립스틱으로 표현한다.

4

1930's Make-up

1930년대 메이크업

1)

메이크업

2)

헤어

3)

패션

시대 메이크업(그레타 가르보 – 1930)

● 베이스 메이크업

메이크업 재료와 도구를 준비하고 손과 도구류를 소독한다. 피부 톤에 적합한 메이크업 베이스를 선택하여 얇게 도포한다. 눈썹은 파운데이션(또는 눈썹 왁스와 실러) 등을 사용하여 완벽하게 커버하고 고정한다. 피부의 결점을 커버하여 깨끗하고 창백하게 피부를 표현한다. 섀딩과 하이라이터를 사용하여 얼굴의 음영을 강하게 살려 얼굴의 윤곽선을 표현한다. 투명파우더를 사용하여 매트하게 마무리한다.

● 아이브로우 메이크업

눈썹은 파운데이션(또는 눈썹 왁스와 실러) 등을 사용하여 완벽하게 커버한다.
그레타 가르보의 눈썹 형태를 표현하기 위해 블랙, 그레이, 다크브라운 컬러를 사용하여 가늘고 긴 아치 형태로 눈썹을 표현한다.

● 아이 메이크업

아이 섀도는 펄이 없는 브라운 섀도를 사용하여 아이홀을 그리고 그라데이션한다. 화이트 섀도로 눈썹뼈 부위에 하이라이트를 주고, 아이 홀 안쪽을 화이트 섀도로 표현한다. 노즈 섀도로 음영을 준다.

아이라인은 블랙 아이라이너로 진하게 속눈썹 사이를 메꾸어 그리고 눈매를 교정한다. 아이래시 컬러로 자연 속눈썹을 컬링하여 인조 속눈썹을 붙이고, 마스카라로 깊고 그윽한 눈매로 마무리한다.

● 치크 메이크업

브라운 컬러로 광대뼈 아래쪽을 강하게 표현하여 광대뼈를 강조하고, 얼굴 전체를 핑크 톤으로 가볍게 쓸어서 마무리한다.

● 립 메이크업

적당한 유분기를 가진 레드브라운 컬러를 이용하여 인커브 형태로 바른다.

● 1930년대 그레타 가르보 메이크업 일러스트

주제 :

20 년 월 일

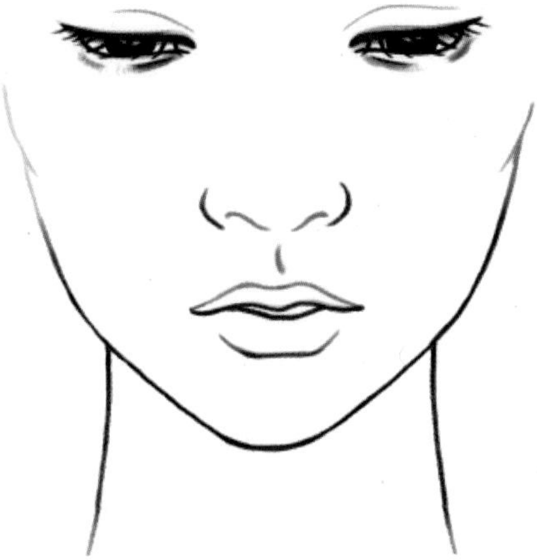	1. Skin 2. Eyebrow 3. Eye 4. Blusher & Shadow 5. Lip

5

1940's Make-up

1940년대 메이크업

1)

메이크업

2)

헤어

3)

패션

● 베이스 메이크업

1940년대 베이스 메이크업은 영화 분장용 맥스 팩터(Max Factor)사의 팬케이크(Fan-Cake) 제품을 사용하여 두껍게 피부 표현되었으므로 커버력 있고 깨끗한 피부 표현을 한다.

피부 톤에 맞는 메이크업 베이스를 이용하여 피부를 보호하고 톤을 보정한다. 커버력이 있는 파운데이션을 사용하여 한 톤이 밝고 깨끗하며 완벽한 피부를 표현하고, 자연스러운 음영을 주어 컨투러링을 표현한다. 매트한 피부 표현을 위해 라이트 파우더를 사용하여 마무리한다.

● 아이브로우 메이크업

잘 정돈된 또렷한 아치형 곡선 형태의 눈썹을 그렸고, 눈썹의 두께는 두꺼워지기 시작하였다.

● 아이 메이크업

아이 섀도는 가볍고 자연스럽게 표현하기 위해 라일락, 라이트브라운, 소프트 그레이 등과 같은 잔잔한 컬러를 사용한다. 눈두덩이와 언더까지 자연스럽게 홀 중심으로 블렌딩하여 맑은 눈을 표현한다.

블랙 리퀴드 타입의 아이라이너를 사용하여 다소 두껍고 또렷한 아이라인을 그려 주었고, 인조 속눈썹과 마스카라를 풍성하게 표현하여 눈을 선명하게 강조하였다.

● 치크 메이크업

블러셔는 자연스럽게 표현하기 위해 살굿빛 컬러나 장밋빛 컬러를 사용하여 홍조를 표현하였다. 광대뼈 중심으로 자연스럽게 블렌딩해 주면서 관자놀이 부위까지 펴 발라 준다.

● 립 메이크업

입술은 자연스러운 옅은 레드부터 다소 짙은 느낌의 레드까지 폭넓게 사용한다.

립 라이너를 사용하여 선명한 풀 컬러의 립을 표현하고 촉촉한 느낌의 질감을 표현하기 위해 립글로스를 사용하여 마무리한다.

6

1950's Make-up

1950년대 메이크업

1)

메이크업

2)
헤어

3)

패션

시대 메이크업(마릴린 먼로 – 1950)

● 베이스 메이크업

메이크업 재료와 도구를 준비하고 손과 도구류를 소독한다. 피부 톤에 적합한 메이크업 베이스를 선택하여 얇게 도포한다. 밝은 톤의 핑크 파운데이션을 사용하여 표현한다. 섀딩과 하이라이트를 사용하여 윤곽을 수정한다. 밝은 톤의 파우더를 사용하여 매트하게 마무리한다.

● 아이브로우 메이크업

눈썹은 브라운, 다크브라운 컬러를 사용하여 양 미간이 좁지 않도록 표현하고 각진 눈썹 형태로 그려준다.

● 아이 메이크업

아이 섀도는 핑크와 베이지 계열의 색을 이용하여 아이 홀을 표현하고 그라데이션한다. 화이트 섀도로 아이홀 안쪽과 눈썹뼈 부위에 입체감을 주고 언더부위에 베이지 계열의 섀도를 바른다. 미간이 넓어 보이도록 노즈 섀도를 해준다.

아이라인은 블랙라이너로 속눈썹 사이를 메꾸어 그리고 눈을 뜬 상태에서 라인 끝을 위로 올려 길게 뺀 형태의 눈매를 표현한다. 뷰러를 이용하여 자연 속눈썹을 컬링하고, 인조 속눈썹을 모델의 눈보다 길게 뒤로 빼서 붙여 준다. 마스카라로 깊고 그윽한 눈매를 표현한다.

● 치크 메이크업

핑크 톤으로 광대뼈보다 아래쪽에서 구각을 향해 사선으로 표현하여 윤곽을 잡아준다.

● 립 메이크업

적당한 유분기를 가진 레드 컬러 립스틱을 사용하여 아웃커브 형태로 바른다. 마릴린 먼로의 개성이 돋보이는 점을 그려 마무리한다.

● 1950년대 마릴린 먼로 메이크업 일러스트

주제 :

20 년 월 일

<table>
<tr>
<td>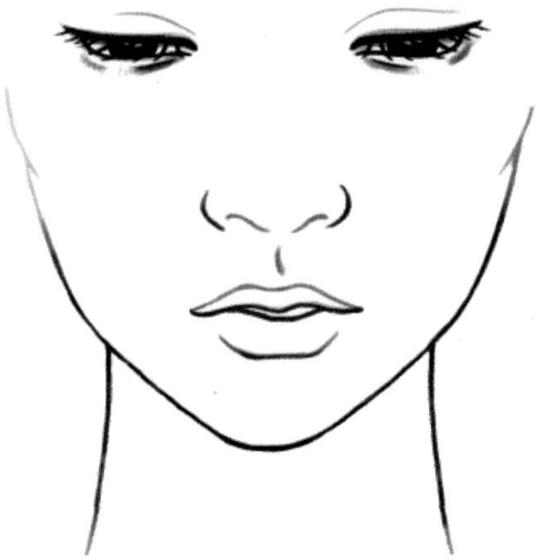</td>
<td>1. Skin

2. Eyebrow

3. Eye

4. Blusher & Shadow

5. Lip</td>
</tr>
</table>

7

1960's Make-up

1960년대 메이크업

1)

메이크업

2)

헤어

3)

패션

시대 메이크업(트위기 – 1960)

● 베이스 메이크업

메이크업 재료와 도구를 준비하고 손과 도구류를 소독한다. 피부 톤에 적합한 메이크업 베이스를 선택하여 얇게 도포한다. 피부 톤과 비슷한 리퀴드 파운데이션 또는 크림 파운데이션을 사용하여 두껍지 않게 골고루 펴 바르고 투명파우더로 자연스럽게 마무리한다.

● 아이브로우 메이크업

눈썹은 자연스러운 브라운 컬러를 사용하여 눈썹산을 강조하여 그린다.

● 아이 메이크업

아이 섀도는 화이트 베이스 컬러와 핑크, 네이비, 그레이, 다크 네이비 컬러 등을 사용하여 인위적인 쌍꺼풀 라인을 표현한다. 쌍꺼풀 라인과 아이라인의 선이 선명하도록 강조한다. 화이트 섀도로 쌍꺼풀 홀 안쪽과 눈썹 뼈 아래 부위에 하이라이트를 준다. 아이라인은 블랙 아이라이너로 속눈썹 사이를 메꾸어 선명하게 그리고 눈매를 교정한다.

아이래시 컬러로 자연 속눈썹을 컬링하고 마스카라를 바른 후 풍성한 인조 속눈썹을 붙여 눈매를 강조한다.

언더 속눈썹에 마스카라를 한 후 아이라이너를 사용하여 그리거나 인조 속눈썹을 붙여 인형 같은 눈매를 표현한다.

● 치크 메이크업

핑크나 라이트 브라운 컬러로 애플존 위치에 둥근 느낌으로 터치한다.

● 립 메이크업

베이지 핑크 컬러의 립 제품으로 자연스럽게 발라 마무리한다.

● 1960년대 트위기 메이크업 일러스트

주제 :

20　　년　　월　　일

1. Skin

2. Eyebrow

3. Eye

4. Blusher & Shadow

5. Lip

8

1970's Make-up

1970년대 메이크업

1)

메이크업

2)
헤어

3)

패션

시대 메이크업(펑크 – 1970)

● 베이스 메이크업

메이크업 재료와 도구를 준비하고 손과 도구류를 소독한다. 피부 톤에 적합한 메이크업 베이스를 선택하여 얇게 도포한다. 크림 파운데이션을 사용하여 밝고 창백하게 표현한다. 피부의 결점과 다크서클을 커버하기 위해 필요에 따라 컨실러를 사용하고 밝은 컬러의 파우더로 매트하게 표현한다.

● 아이브로우 메이크업

눈썹은 블랙 섀도와 블랙 펜슬을 사용하여 짙고 강하게 표현하며 눈썹의 결을 강조해 그려 준다.

● 아이 메이크업

아이 섀도는 화이트, 베이지, 그레이, 블랙 등의 컬러를 사용하여 아이 홀을 강하게 표현한다.

아이 홀은 눈꼬리에서 눈머리 쪽으로 그리고 아이 홀의 눈꼬리 1/3 부분을 검정색 아이 섀도나 아이 라이너를 이용하여 채우고 그라데이션한다. 화이트 섀도로 눈썹뼈 부분과 아이 홀 앞쪽 부분에 하이라이트 해준다.

아이라인은 블랙 아이라이너로 아이 홀 라인의 바깥쪽으로 과장되게 그려 표현한다. 언더라인은 위쪽 라인까지 연결하여 강하게 표현한다. 아이래시 컬러로 자연 속눈썹을 컬링하여 마스카라를 바르고, 인조 속눈썹을 붙여주어 강하고 깊이감 있는 눈매를 표현한다.

● 치크 메이크업

레드 브라운 컬러로 얼굴 앞쪽을 향하여 사선으로 선을 그리듯이 강하게 바른다.

● 립 메이크업

검붉은 색상을 사용하여 펴 바르고 입술라인을 선명하게 표현한다.

● 1970년대 펑크 메이크업 일러스트

주제 :

20　년　월　일

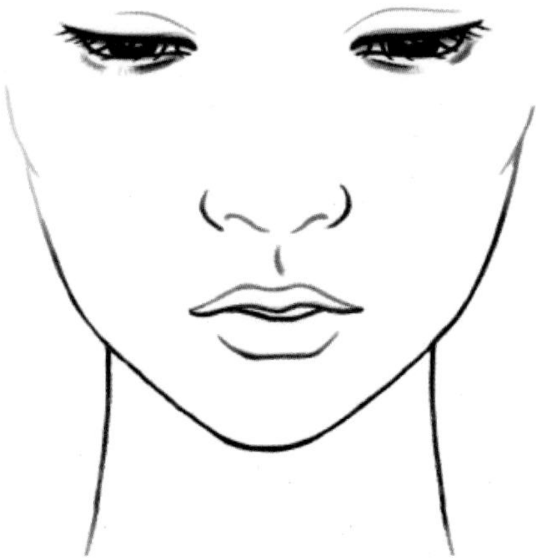

1. Skin

2. Eyebrow

3. Eye

4. Blusher & Shadow

5. Lip

9

1980's Make-up

1980년대 메이크업

1)

메이크업

2)
헤어

3)

패션

● 베이스 메이크업

피부 톤에 적합한 메이크업 베이스를 사용하여 톤을 보정하고 깨끗한 파운데이션을 유지할 수 있도록 한다. 자연스러운 피부 톤을 표현하기 위해 본인 톤에 적합한 파운데이션을 도포하고 하이라이트와 섀딩을 사용하여 입체감을 표현한다. 컨실러를 사용하여 눈가와 피부를 깨끗하게 보정해 준다. 루스 파우더를 사용하여 매트한 질감의 피부 톤으로 완성한다.

● 아이브로우 메이크업

브라운 컬러를 사용하여 두꺼운 눈썹을 그리고 아이브로우 마스카라를 사용하여 눈썹 앞머리의 결을 살려 자연스럽고 풍성하게 표현해 준다.

● 아이 메이크업

1980년대는 가장 많은 컬러를 다양하게 사용한 시대이다. 다양한 컬러와 강렬한 대비가 되는 컬러 등을 사용하여 눈 전체를 화려하게 표현해 준다.
화이트 컬러를 사용하여 눈두덩이와 눈썹뼈 부분에 섀도를 넣어 준다. 밝은 톤의 핑크, 오렌지, 블루, 그린 계열의 아이 섀도 컬러를 선택하여 쌍꺼풀 라인, 눈꼬리, 언더라인 부분까지 넓게 그라데이션해 준다.

블랙 컬러의 아이라이너를 사용하여 점막을 꼼꼼하게 메우고 눈 윗부분과 눈 아랫부분까지 모두 굵고 진하게 그려 강조한다.

숱이 풍성한 인조 속눈썹을 붙이거나 컬러 마스카라를 사용하여 여러 번 덧발라 준다.

● 치크 메이크업

톤 다운된 핑크 컬러나 붉은 벽돌 컬러로 광대 뒷부분을 중심으로 자연스럽게 음영을 표현한다.

● 립 메이크업

돋보이는 립 라이너를 사용하여 입술선을 표현하고 같은 계열의 붉은 립스틱을 둥근 모양으로 입술 전체에 발라 준다.

182
Vintage store

10

1990's Make-up

1990년대 메이크업

1)

메이크업

2)

헤어

3)

패션

● 베이스 메이크업

메이크업 베이스를 사용하여 피부를 정리해 준다. 본인 피부 톤보다 한 톤 밝은 컬러의 파운데이션을 사용하여 투명하고 자연스러우면서도 도자기 같은 피부를 표현한다.

하이라이트와 섀딩으로 컨투어링을 주고 매트하면서도 깨끗한 피부를 표현하기 위해 파우더로 꼼꼼히 마무리한다.

● 아이브로우 메이크업

눈썹은 진하거나 강하지 않게 자연스럽게 그리되 약간 위쪽으로 올려 주는 느낌으로 그린다. 전체적으로 브라운 컬러의 느낌이 표현되도록 한다.

● 아이 메이크업

아이보리 컬러를 사용하여 눈두덩이 전체와 눈썹뼈 하이라이트 부위에 발라 유분기를 제거하고 깨끗한 눈두덩이를 만든다.
뉴트럴 계열의 컬러를 사용하여 눈에 음영을 표현하며 눈의 언더 부분까지 자연스럽게 음영 그라데이션을해 준다.

다크브라운 컬러를 사용하여 포인트를 주어 더욱 그윽한 눈매를 연출할 수 있도록 한다. 블랙에 가까운 다크브라운 컬러의 아이라이너를 사용하여 눈꼬리까지 강조한다. 아이라인을 언더까지 그려주고 인조 속눈썹이나 마스카라를 사용하여 눈매를 그윽하게 완성해 준다.

● 치크 메이크업

더스티 로즈(dusty rose) 컬러나 중간 톤의 오렌지 브라운 컬러를 사용하여 광대뼈를 따라 음영을 표현한다.

● 립 메이크업

진한 컬러의 립 라이너를 사용하여 라인을 강조하듯이 그려주고, 립스틱은 매트한 레드, 레드와인, 브라운, 라이트 브라운, 적갈색 등의 컬러를 사용하여 풍성하고 도톰한 입술을 표현한다.

11

2000's Make-up

2000년대 메이크업

이 시대에는 메이크업을 하지 않은 것처럼 보이도록 하는 것이 크게 유행함에 따라 연예인들의 맨 얼굴 같은 연한 메이크업에 반짝이며 빛나는 하이라이트로 마무리하였다.

볼 화장도 매운 연한 컬러들로 자연스럽게 표현하여 어리고 자연스러워 보이는 메이크업을 강조하였다. 또한 패션쇼에서 선보인 스모키 메이크업이 화보나 잡지, 쇼에서 많이 활용되었다.

1)

메이크업

2)

헤어

3)

패션

BABARA
ETUDE HOUSE
ALL MASK STORY
CONVERSE
ABC-MART
ABC-MART
innisfree
CNP
차앤박 피부과
Mamonde
cacao green
red mango
MIXXO
미쏘
THE FACE SHOP
LANEIGE
FERRUM
ALL CLINIC
올의원
SALE

12

2010's Make-up

2010년대 메이크업

다양한 뷰티 정보 프로그램을 통한 정보교환이 활발해졌고, 로드숍이나 드럭스토어, 중저가 브랜드의 위상이 높아짐에 따라 개인의 개성을 강조한 다양한 메이크업을 하게 되었다.

2010년대 이후의 메이크업은 20세기 복고 메이크업을 현대적으로 재해석하여 다양한 트렌드를 만들어내고 있다.

1)

메이크업

2)

헤어

3)

패션

Applied Make-up

Character Make-up

캐릭터 메이크업

캐릭터 메이크업

캐릭터 메이크업(Character Make-up)이란 무대공연이나 미디어 매체 등의 작품 속에 등장하는 인물을 주어진 역할과 목적에 따라 적절한 형태로 외모를 향상시키거나 변형시켜 등장인물의 성격을 시각적으로 표현하는 메이크업이다.

작품의 종류나 특성, 의도 등에 따라 Beauty Make-up부터 Straight Make-up, 무대분장, 아트 메이크업까지 등장인물을 극 중 성격에 맞는 형상으로 변화시키기 위해 다양한 메이크업을 표현할 수 있어야 한다.

1

Character Image Make-up
(Leopard Image)

캐릭터 이미지 메이크업

동물 캐릭터로 무대에 등장하는 표범 캐릭터를 표현하는 메이크업이다.

● 베이스 메이크업

메이크업 재료와 도구를 준비하고 손과 도구류를 소독한다. 피부 톤에 적합한 메이크업 베이스를 선택하여 도포한다. 피부 톤보다 밝은 색상의 크림 파운데이션을 바르고 밝고 창백한 컬러의 파우더를 발라 베이스 메이크업을 마무리한다.

● 순서

시안을 참고하여 디자인 계획을 미리 진행한다.

① 아이 홀 부위를 화이트 컬러 섀도로 또렷하게 발라 위치를 잡아 준다.

② 옐로우 컬러의 아이 섀도를 사용하여 얼굴의 외곽선에서부터 안쪽으로 그라데이션하면서 패턴을 잡아 준다.

③ 오렌지 컬러의 아이 섀도를 사용하여 얼굴의 사이드 가장자리와 콧대에서 눈썹, 이마로 이어지는 부분을 컬러링한다.

④ 브라운 컬러의 아이 섀도를 사용하여 아이 홀 부분을 짙게 잡고 위쪽으로 그라데이션한다.

⑤ 화이트 컬러 아이 섀도를 사용하여 아이 홀 부위와 언더 부위부터 눈 앞머리 쪽, 눈 바깥쪽 그라데이션까지의 모양을 정확하게 확인하며 채워 준다.

⑥ 블랙 아이라이너를 사용하여 앞트임, 상향 아이라이너, 아이 홀 라인까지 또렷하게 표현한다. 언더 부위에도 언더라인의 트임을 길게 그려 준다.

⑦ 오렌지 컬러의 아이 섀도로 언더라인에서부터 눈 바깥쪽, 볼 부분까지 그려 준다.

⑧ 옐로우 컬러의 아이 섀도로 볼 안쪽을 그라데이션해 준다.

⑨ 브라운 컬러의 아이 섀도로 적절하게 포인트 컬러 그라데이션을 한다.

⑩ 아쿠아 컬러 블랙을 사용하여 레오파드 무늬를 선명하고 점진적으로 표현이 되도록 그려 준다.

⑪ 뷰러를 사용하여 자연 속눈썹을 컬링하고 마스카라를 바른 후, 레오파드 캐릭터 메이크업에 해당하는 인조 속눈썹을 붙여 준다.

⑫ 언더 라인 부위에도 인조 속눈썹을 붙여 날카로운 눈매를 완성한다.

● 립 메이크업

구각을 강조한 인커브 형태의 립 라인을 그려준 후, 버건디 레드 컬러의 립스틱을 사용하여 입술 모양에 어울리도록 마무리한다.

● 뷰티 메이크업(캐릭터) 일러스트

2

Dance Make-up
(Korean Dance)

무용 메이크업

한국무용 메이크업은 한국의 전통적인 아름다움을 표현하고 한복과 잘 어울리는 다양한 붉은 계통의 컬러들과 과감한 선을 사용하여 메이크업을 해야 한다. 객석과 무대와의 거리를 고려하여 이목구비가 선명하게 드러나 보이는 과감하고 창의적인 표현을 통해 전통적인 아름다움과 배우의 캐릭터가 돋보이는 메이크업을 완성한다.

● 베이스 메이크업

메이크업 재료와 도구를 준비하고 손과 도구류를 소독한다. 피부 톤에 적합한 메이크업 베이스를 선택하여 도포한다. 피부 톤에 적합한 파운데이션을 도포하여 깨끗하게 피부를 표현하고 결점을 커버한다. 섀딩과 하이라이트 파운데이션을 사용하여 윤곽을 수정한다. 핑크 파우더를 사용하여 매트하게 피부 표현을 마무리한다.

● 아이브로우 메이크업

브라운 컬러로 시작하여 블랙 컬러로 자연스럽게 연결되어 마무리되도록 한다. 모델의 얼굴을 고려하여 그리되 부드러운 곡선 형태의 동양적인 눈썹을 표현한다.

● 아이 메이크업

아이 섀도는 눈썹뼈에 화이트 컬러로 하이라이트를 주어 입체감을 표현한다. 연핑크 컬러로 아이 홀 부분을 그라데이션하여 바른다. 마젠타 컬러를 사용하여 눈꼬리와 언더라인 부분에 상승형으로 포인트를 준다. 블랙 아이라이너를 사용하여 깔끔하게 아이라인을 그리고 언더라인은 펜슬 또는 아이 섀도를 사용하여 그려준다.

뷰러를 사용하여 자연 속눈썹을 컬링하고 마스카라를 바른다. 짙은 인조 속눈썹을 사용하여 끝부분이 처지지 않도록 상승형으로 붙인다.

● 치크 메이크업

핑크 컬러로 광대뼈를 감싸듯이 화사하게 표현한다.

● 립 메이크업

레드 컬러의 립라이너를 사용하여 라인을 그리고 립 안쪽까지 그라데이션 해준다.

핑크가 가미된 레드컬러의 립스틱으로 블렌딩하여 마무리한다.

● 귀밑머리

블랙 펜슬이나 블랙 아이라이너를 사용하여 귀밑머리를 그린다.

● 뷰티 메이크업(한국 무용) 일러스트

3

Ballet Make-up
(Ballet Dance)

발레 메이크업

무용극의 구성을 형식으로 한 예술 무용인 발레는 춤을 통해 극적인 내용을 무대에서 전개하는 서양 무용 예술이다. 무대에 등장하는 캐릭터의 성격이 잘 나타날 수 있도록 얼굴에 나타나는 선과 강한 색조의 면을 정확하게 표현하여 주제와 캐릭터의 성격을 잘 표현하도록 한다.

● 베이스 메이크업

메이크업 재료와 도구를 준비하고 손과 도구류를 소독한다. 피부 톤에 적합한 메이크업 베이스를 선택하여 도포한다. 피부 톤에 적합한 파운데이션을 도포하여 결점을 커버하고 깨끗한 피부를 표현한다. 섀딩과 하이라이트 파운데이션을 사용하여 윤곽을 수정한다. 핑크 파우더를 사용하여 매트하게 피부 표현을 마무리한다.

● 아이브로우 메이크업

다크브라운 컬러로 시작하여 블랙 컬러로 자연스럽게 연결되어 마무리되도록 한다. 모델의 얼굴을 고려하여 그리되 갈매기 형태의 눈썹 모양을 그린다.

● 아이 메이크업

아이 섀도는 눈썹뼈에 화이트 컬러로 하이라이트를 주어 입체감을 표현한다. 아이 홀 안쪽과 언더라인 가까운 쪽에 화이트 컬러로 채워 입체감을 표현한다. 아이 홀 위쪽 부분을 핑크 컬러의 아이 섀도로 그리고 그라데이션한다.

퍼플 컬러를 사용하여 포인트 컬러를 표현하고 그라데이션한다. 아쿠아블루 컬러를 사용하여 속눈썹 라인을 따라서 그려주고, 언더 라인에도 화이트 컬러와 간격을 두고 아쿠아블루 컬러를 바른다. 블랙 컬러의 아이라이너를 사용하여 눈 전체의 모양이 상승형이 되도록 그린다. 언더라인도 시안을 참고하여 그려준다.

뷰러를 사용하여 자연 속눈썹을 컬링하고 마스카라를 바른다. 짙은 인조 속눈썹을 사용하여 끝부분이 처지지 않도록 상승형으로 붙인다.

● 치크 메이크업

핑크 컬러로 광대뼈를 감싸듯이 화사하게 표현한다.

● 립 메이크업

로즈 컬러의 립 라이너를 사용하여 라인을 그려주고 립 안쪽까지 그라데이션해 준다.

핑크 컬러의 립스틱으로 블렌딩하여 마무리한다.

● 뷰티 메이크업(발레) 일러스트

4

Senior Character Make-up

노역(추면) 캐릭터 분장

노역 캐릭터 메이크업은 생물학적 연령에 따른 근육과 주름의 강도를 이해하여 극 중의 나이와 성격, 건강상태, 직업, 환경 등을 고려한 캐릭터를 표현해야 한다.

무대에서는 영상 미디어 매체보다 나이를 조금 더 과장되게 표현하여야 한다. 근육구조와 근육 처짐 등에 대한 기본 지식에 바탕을 두고 노역의 연령대별 변화를 고려하여 노역 분장이 잘 표현되도록 한다.

● 베이스 메이크업

메이크업 재료와 도구를 준비하고 손과 도구류를 소독한다. 피부 톤에 적합한 메이크업 베이스를 선택하여 도포한다. 피부 톤보다 한 톤 어두운 파운데이션을 가볍게 바른다.

섀딩 컬러의 파운데이션으로 얼굴의 굴곡 부분(관자놀이, 아이 홀, 광대뼈 아래, 턱 처짐 등)을 표현한다. 하이라이트 컬러의 파운데이션을 이용하여 돌출 부분(눈썹뼈, 광대뼈 등)을 표현한다. 브라운 펜슬을 사용하여 얼굴의 큰 주름을 표현하고 브러시로 자연스럽게 그라데이션한다. 필요한 부분에 세부 주름을 추가하여 완성한다. 파우더로 가볍게 베이스를 마무리한다.

● 아이브로우 메이크업

회갈색 컬러를 사용하여 강하지 않게 그려 준다. 화이트 파운데이션으로 눈썹모를 표현할 수 있다.

● 립 메이크업

내추럴 베이지 컬러를 사용하여 윗입술을 아랫입술보다 두껍게 표현한다. 입술을 오므려서 자연스러운 주름이 표현되도록 하며 필요에 따라 브라운 펜슬로 자연스러운 입술 주름을 표현할 수 있다.

● 뷰티 메이크업(노역 캐릭터) 일러스트

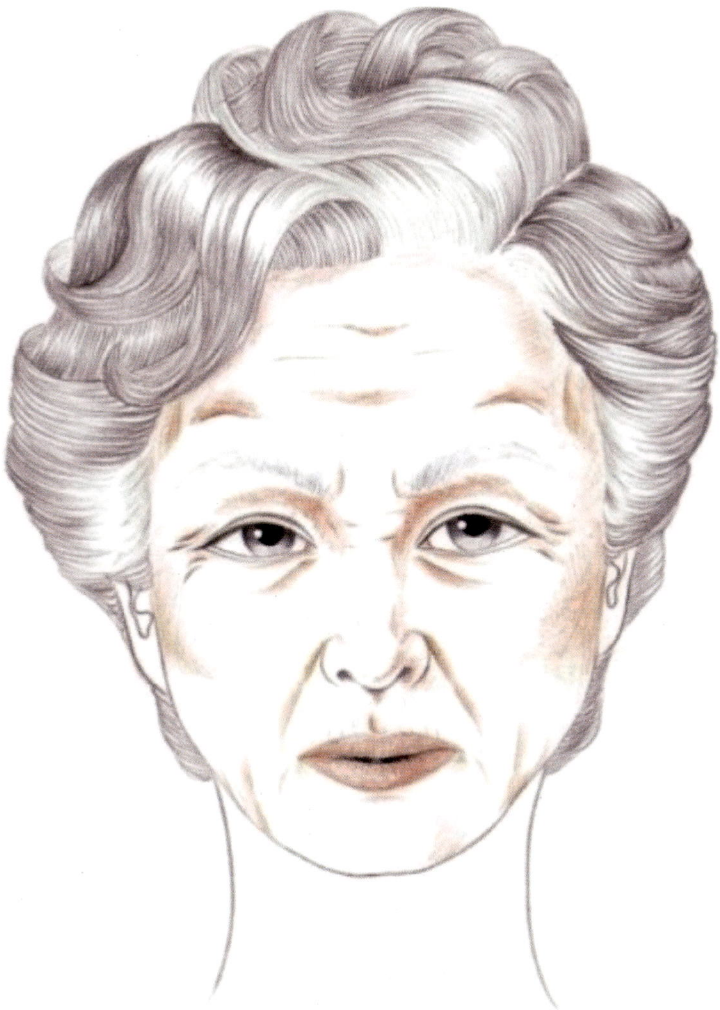

5

Eyelash Extension

속눈썹 익스텐션(왼쪽/오른쪽)

인모 한 올에 가모를 한 올씩 올려 붙여 속눈썹의 길이를 길게 늘여 눈매가 또렷하고 크게 보일 수 있도록 하는 역할을 한다. 가모의 종류, 굵기, 길이, 컬러 등이 다양하므로 고객의 속눈썹 상태와 요구를 신중하게 고려하여 시술하여야 한다.

● 시술 도구

1. 마네킹
2. 속눈썹판
3. 5가지 길이의 속눈썹(8,9,10,11,12mm), 두께 0.15~0.2mm의 J컬 타입 싱글모
4. 인조 속눈썹(5~6mm)
5. 속눈썹 전처리제
6. 속눈썹 브러시
7. 속눈썹 리무버
8. 속눈썹 글루
9. 글루판
10. 아이패치
11. 우드 스패출러
12. 마이크로 면봉
13. 면봉
14. 화장솜
15. 소독제
16. 눈썹 가위
17. 핀셋(일자 핀셋, 곡자 핀셋)

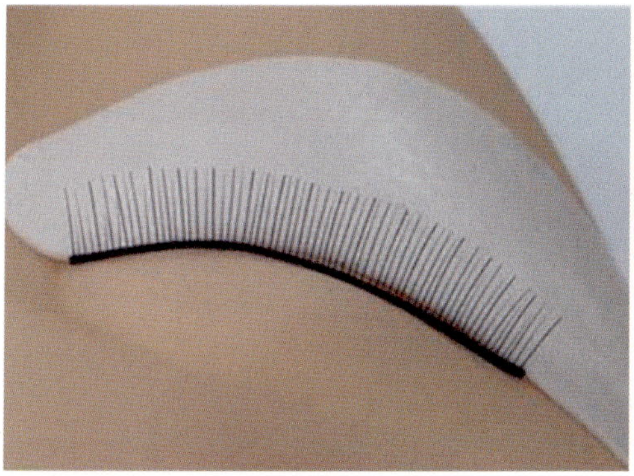

시험 시작 전 마네킹 준비상태

완성상태(오른쪽)

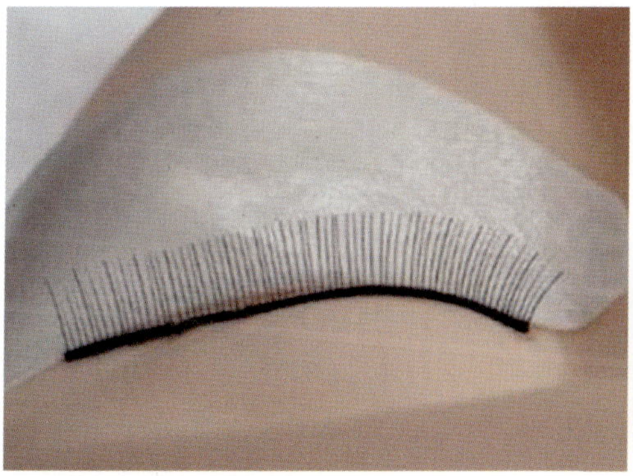

시험 시작 전 마네킹 준비상태

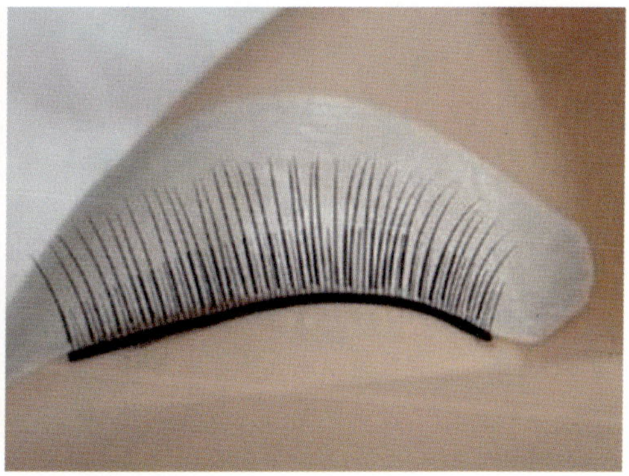

완성상태(왼쪽)

- 연장하는 속눈썹은 5가지 길이(8,9,10,11,12mm), 두께 0.15~0.2mm의 J컬 타입의 싱글모를 사용한다.

● 순서

① 5~6mm의 인조 속눈썹이 부착된 마네킹을 준비한다.

② 재료와 도구를 준비하고 손과 도구류, 마네킹의 작업부위를 소독한다.

③ 아이패치를 부착한다. 일회용 도구를 사용하여 전처리제를 도포한다.

④ 마네킹에 부착된 속눈썹 한 개당 하나의 속눈썹만 연장한다. 모근에서 1~1.5mm를 떨어뜨려 부착한다. 한쪽 인조 속눈썹에 최소 40가닥 이상의 속눈썹을 붙여 연장한다.(눈 앞머리 부분의 속눈썹 2~3가닥은 연장하지 않도록 주의한다.)

⑤ 전체적으로 중앙이 길어 보이는 라운드형(부채꼴 디자인)으로 속눈썹 익스텐션을 완성한다.

6

Media Beard

미디어 수염

남성의 분장 표현에 있어서 수염은 시대의 특징이나 다양한 캐릭터를 표현할 수 있는 가장 중요한 요소이다. 수염 분장은 다양한 방법이 있고, 여러 가지 종류의 도구와 재료를 사용해서 연출해야 하므로 자연스럽게 표현이 되도록 단계별로 숙련의 과정을 거쳐 시술하도록 한다.

● 시술 도구

1. 마네킹
2. 마네킹 고정대
3. 가공된 수염(검정색)
4. 수염 접착제(스프리트 검 또는 프로세이드)
5. 리무버
6. 수염 빗(꼬리 빗)
7. 고정 스프레이
8. 수염 가위
9. 핀셋
10. 화장솜
11. 소독제
12. 가제수건(거즈, 물티슈)
13. 면봉
14. 위생용품

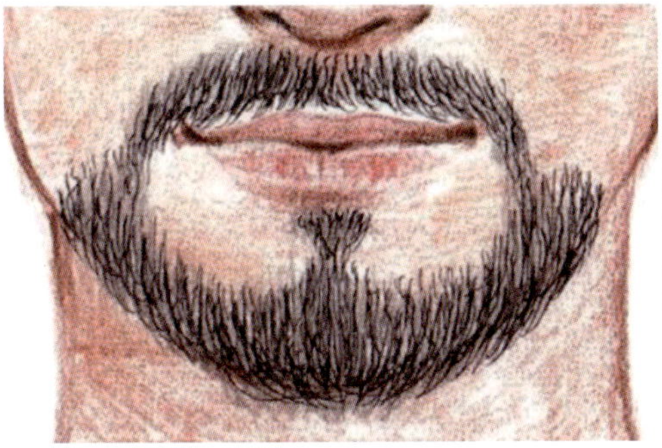

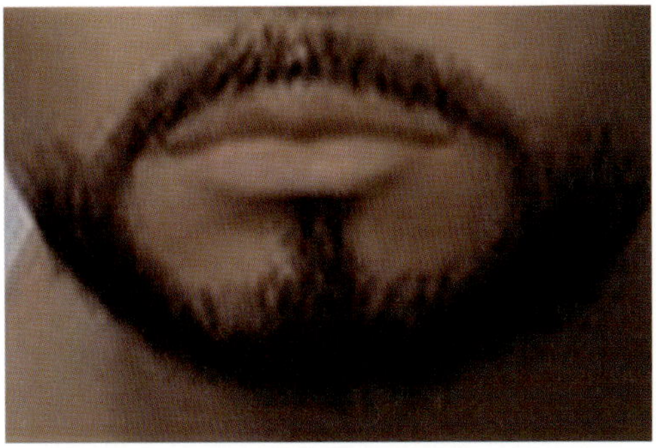

• 현대적인 남성스타일을 연출한다.(수염의 길이는 마네킹의 턱 밑 1~2cm 정도로 작업한다.)

● 순서

① 재료와 도구를 준비하고 손과 도구류, 마네킹의 작업 부위를 소독한다.

② 턱수염에 수염 접착제를 균일하게 도포한다.

③ 젖은 거즈를 사용하여 찍어내듯이 가볍게 눌러준다.

④ 턱 밑 중심부터 방향과 양, 좌우 균형을 맞춰 가는 동작을 반복하면서 심듯이 붙여 준다.

⑤ 부착된 수염에 거즈를 대고 지그시 눌러 밀착력을 높여 준다.

⑥ 수염 빗을 사용하여 빗질한다.

⑦ 핀셋을 이용하여 자연스럽게 수염을 그라데이션해 준다.

⑧ 가위로 수염의 길이를 커트하여 정리한다.

⑨ 콧수염도 같은 방법으로 시술한다.

⑩ 빗과 핀셋으로 작업한 수염의 좌우 균형, 위치, 형태를 확인하고, 고정 스프레이와 라텍스 등을 사용하여 스타일링을 마무리한다.

Applied Make-up

Special Themed Make-up

스페셜 테마 메이크업

1

Neutral Make-up

뉴트럴 메이크업

뉴트럴 컬러(Neutral color)란 한색이나 난색 어느 것에도 속하지 않는 중간색을 말한다. 따라서 뉴트럴 메이크업이라고 하는 것은 중명도·중채도의 부드러운 컬러, 베이지 톤이나 소프트 브라운 컬러 등을 사용하여 한 듯 안 한 듯 부드럽게 퍼지는 절제되면서도 섬세한 터치의 메이크업을 말한다.

차분하면서도 세련된 느낌을 줄 수 있는 뉴트럴 메이크업은 피부 표현에 중점을 두고 컬러감이 지나치게 드러나지 않게 은은하고 고급스러운 이미지를 강조하여야 한다.

● 베이스 메이크업

메이크업 재료와 도구를 준비하고 손과 도구류를 소독한다. 은은하게 빛나는 윤광 피부를 표현하기 위해 환하게 밝혀 줄 수 있는 컬러 보정과 펄 베이스를 사용한다.

피부 톤에 맞는 리퀴드 파운데이션을 꼼꼼하게 발라 주고 컨실러를 사용하여 피부의 잡티나 다크서클을 커버한다. 이때 윤광의 표현을 더해 주기 위해 파운데이션에 펄 베이스를 섞어 다시 한 번 발라주면 고급스러운 윤기를 표현할 수 있다. 투명 파우더를 사용하여 자연스럽게 쓸어주듯이 마무리한다.

● 아이브로우 메이크업

뉴트럴의 느낌을 표현하기 위해 브라운 컬러의 브로우 제품을 사용하여 모델의 눈썹 모양을 최대한 살려서 그리되 너무 날카롭지 않게 둥근 느낌으로 그려 준다.

아이브로 마스카라를 사용하여 눈썹모를 살려주고 뉴트럴 브라운의 컬러를 표현한다.

● 아이 메이크업

아이 홀 부분에 자연스러운 베이지 컬러의 섀도로 그라데이션해 주어 눈매에 음영감과 입체감을 살린다. 베이지 브라운 컬러나 오렌지 코랄 컬러의 아이 섀도로 홀 부분의 베이지 컬러와 자연스럽게 연결되도록 블렌딩해 준다. 언더 섀도도 함께 연결하여 눈 모양의 밸런스를 맞춰 준다. 다크브라운 컬러나 벽돌색 느낌의 브라운 컬러를 사용하여 자연스럽게 아이라이너를 그려준다. 이때 너무 길거나 굵게 표현되지 않도록 주의한다. 아이라이너를 그린 후 차콜 브라운 컬러를 사용하여 아이라이너를 자연스럽게 스머지(smudge)해 주듯이 포인트를 넣어 준다. 자연 속눈썹을 컬링하고 마스카라로 또렷한 눈매를 표현한다.

● 치크 메이크업

소프트한 베이지 브라운 컬러를 사용하여 뉴트럴한 느낌을 표현하고 오렌지 코랄 컬러나 벽돌색이 가미된 브라운 컬러로 약간의 생기와 혈색을 더해 준다.

● 립 메이크업

베이지 브라운이나 소프트 코랄, 샐먼 등의 컬러를 사용하여 립 라인이 강조 되지 않게 가볍고 자연스럽게 마무리한다.

2

Smokey Make-up

스모키 메이크업

'연기가 자욱한', '그을린'이라는 사전적 의미로 눈 주위에 어두운 아이섀도를 발라 눈가에 검은 안개가 피어나는 느낌으로 그윽하고 깊이감 있는 눈매를 표현하는 메이크업이다.

패션쇼 메이크업에서 시작되어 광고나 잡지, 화보 등에서 다양한 이미지로 활용되고 있다. 색감과 음영을 보다 소프트하게 표현해 내추럴한 세미 스모키 메이크업으로 응용하여 트렌디한 대중적 연출이 가능하게 되었다.

1)

메이크업 스타일

눈을 깊이감 있고 그윽하게 강조하는 메이크업이다. 눈썹이나 입술 등의 다른 부분들은 밝고 내추럴하며 깔끔하게 마무리하여 스모키 메이크업의 스타일을 연출하여야 한다.

● 베이스 메이크업

메이크업 재료와 도구를 준비하고 손과 도구류를 소독한다. 피부 톤에 적합한 메이크업 베이스를 선택하여 바른다. 피부톤에 맞는 리퀴드 파운데이션을 꼼꼼하게 발라주고 컨실러를 사용하여 피부의 잡티나 다크서클을 커버한다. 투명파우더를 사용하여 자연스럽게 마무리해 준다.

※ 피부의 질감은 세미매트 표현이나 약간 쉬머한 느낌의 이미지를 추가 표현할 수 있다.(페이스 밤, 페이스 오일 등)

● 아이브로우 메이크업

눈을 강조하는 메이크업이므로 눈썹은 최대한 자연스럽게 표현한다. 깔끔하게 눈썹모를 정리하고 자연스럽게 본래의 눈썹을 살려 표현하도록 한다. 헤어 컬러에 어울리는 아이브로 마스카라를 사용하여 마무리한다.

※ 보이브로우나 사자깃털 아이브로우 이미지를 추가할 수 있다.

● 아이 메이크업

아이 홀 부분에 자연스러운 베이지브라운 계열로 그라데이션하고 눈매에 음영감과 입체감을 살린다. 소프트한 블랙 펜슬을 사용하여 속눈썹 라인 부분과 언더의 점막 부분에 윤곽을 그린다. 브라운 펄 섀도와 블랙, 그레이 컬러와 블랙, 골드브라운과 딥 카키 등의 컬러로 그라데이션해 준다. 눈 앞초리 부분에 라이트 골드 펄이나 화이트 펄을 사용하여 아이 메이크업이 어두워지지 않고 화려함을 더해 줄 수 있도록 한다. 이때 아이 섀도가 아이 홀 위로 올라가지 않도록 하고 눈꼬리 부분을 살짝 길게 빼서 타원형의 모양으로 표현해 준다.

눈의 깊이감을 표현하기 위해 인조 속눈썹을 사용하고 볼륨감 있게 마스카라를 발라준다.

소프트 스모키와 하드 스모키 메이크업을 T.P.O와 트렌드에 맞추어 연출하도록 한다.

※ 동공 하이라이트를 펄을 사용하여 줄 수 있다.

● 치크 메이크업

소프트한 피치나 핑크 컬러, 혹은 누드 브라운 컬러를 사용하여 약간 짧은 듯한 터치로 가볍고 자연스럽게 표현한다.

● 립 메이크업

입술 부분으로 시선이 가지 않도록 글로스만 표현해 주거나 베이지 컬러나 페일 톤의 부드러운 핑크 계열로 가볍고 자연스럽게 마무리해 준다.

3

Fashion Show Make-up

패션쇼 메이크업

1년에 2번(S/S, F/W) 패션 디자이너가 음악과 무대연출이 있는 쇼를 통해 자신이 디자인한 의상의 신상품을 모델에게 입히고 패션 트렌드와 패션 브랜드의 이미지를 보여주는 공연예술을 패션쇼라고 한다. 세계적인 4대 패션쇼에는 파리(Paris), 뉴욕(New York), 런던(London), 밀라노(Milano) 패션쇼가 있고, 각각의 쇼는 독특한 특징을 보이며 전 세계의 패션 트렌드를 만들어 내고 있다. 또한 패션쇼는 고급 맞춤 주문복을 뜻하는 오뜨 꾸띄르(haute couture)와 고급 기성복을 뜻하는 프레타 포르테(prêt-à-porter)로 분류할 수 있으며 디자이너의 작품에 따라 다양한 메이크업과 아트 메이크업, 오브제(objet: 예술과 무관한 물건을 본래의 용도에서 분리하여 작품에 사용함으로써 새로운 느낌을 일으키는 상징적인 물체(펄이나, 깃털, 원단, 레이스, 큐빅 등)) 등의 기법을 활용하여 작품 콘셉트와 트렌드의 계획에 따른 메이크업을 연출하여야 한다.

패션쇼에서 진행되는 메이크업은 디자이너의 작품을 정확히 해석하고 표현할 수 있도록 작품의 콘셉트나 주제를 파악하고 의상, 메이크업, 헤어, 소품 등이 조화를 이루어야 하며 시즌의 트렌드를 반영하여야 한다.

_______ 년도 / SS / FW Fashion Collection Research & Analysis

1)

Paris Collection 패션 & 메이크업

Balmain show

패션	
메이크업	
헤어 & 오브제	

2)

New York Collection 패션 & 메이크업

패션	
메이크업	
헤어 & 오브제	

3)

London Collection 패션 & 메이크업

패션	
메이크업	
헤어 & 오브제	

4)

Milan Collection 패션 & 메이크업

패션	
메이크업	
헤어 & 오브제	

● 베이스 메이크업

관객과의 거리감과 콘셉트 등을 고려하여 베이스 메이크업의 톤을 결정한다. 얼굴의 중앙 부위는 밝게 표현하고 섀딩 부분은 강조하여 입체감 있는 표현을 한다. 조명에 의한 땀이나 워킹, 포즈에 의해 메이크업이 잘 지워질 수 있으므로 지속력에 중점을 두어 꼼꼼히 베이스를 해준다.

▶

● 아이 메이크업

눈을 강조한 메이크업의 경우 보색으로 강한 대비 효과를 줄 수 있고, 의상 컬러에 맞추어 전체 콘셉트와의 조화를 이루게 연출할 수 있다. 다양한 오브제를 사용하여 아방가르드한 이미지의 콘셉트를 표현할 수 있고, 아트 메이크업으로 아이 메이크업을 완성할 수 있다. 패션 인조 속눈썹을 사용하여 콘셉트를 완성하고, 메이크업 디자인과 트렌드에 따라 아이라이너의 두께와 모양을 결정할 수 있다.

▶

● 아이브로우 메이크업

디자이너의 의도에 따라 다양하게 표현할 수 있다. 일반적으로 선명하고 깔끔하게 표현하며 다양한 눈썹 형태의 라인과 윤곽을 살려 준다.

▶

● 치크 메이크업

무대에서 입체감 있는 베이스를 표현하기 위해 광대뼈 부위는 핑크나 오렌지, 브라운 등의 컬러로 강하게 페이스라인을 잡고, 광대뼈 위쪽 부위는 밝은 컬러로 하이라이트를 준다. 펄이나 글리터가 가미된 블러셔를 사용하여 화려함과 볼륨감을 줄 수 있고, 콘셉트에 따라 다양한 컬러들이 시도되기도 한다.

▶

● 립 메이크업

립의 표현은 의상과 아이 메이크업, 전체적인 콘셉트를 고려하여 다양하게 마무리한다. 글로시한 타입, 매트 타입, 펄 타입, 컬러가 강한 타입 등 전체적인 메이크업 이미지에 맞게 통일하여 콘셉트의 조화를 마무리한다.

▶

4

Visual Media Make-up

영상 미디어 메이크업

미디어란 '매체, 수단'이라는 뜻으로서 다양한 정보를 전달하는 신문, 잡지, 영화, TV 등의 대중매체를 말한다. 매체의 종류에 따라 신문이나 잡지 등의 인쇄매체와 TV, 영화, 뮤직비디오, 광고 등의 영상매체(전파매체) 등으로 구분된다.

영상 미디어는 트렌드와 신문화를 만들어 내는 역할을 하고, 그 파급효과와 속도가 매우 빠르다. 영상에서 보이는 메이크업은 미화 목적의 메이크업뿐만 아니라 캐릭터나 배역, 출연자의 이미지, 광고 이미지 등을 분석하여 표현하는 것이 중요하다.

1)

광고 미디어 메이크업

광고는 기업이나 단체가 상품이나 이미지 등을 알려서 판매를 목적으로 하는 제품과 서비스에 대한 호감과 신뢰를 높여 소비자의 구매활동을 유발시키기 위한 활동을 말한다.

영상과 미디어의 특성을 파악하고 그 콘셉트에 어울리는 이미지와 정보를 빠른 시간에 효과적으로 전달하기 위해 진행되는 메이크업이 광고 메이크업이다.

대중문화에 많은 영향을 미치는 매체이므로 한 시대의 문화로서 중요한 역할을 하고 있으며, 광고를 하는 제품의 특성과 광고 기획 의도, 콘셉트 등을 정확히 파악하여 스타일링 작업을 완성하여야 한다.

● 베이스 메이크업

메이크업 재료와 도구를 준비하고 손과 도구류를 소독한다. 피부 톤에 적합한 메이크업 베이스를 선택하여 바른다. 피부 톤보다 한 톤 밝은 컬러의 리퀴드 파운데이션을 꼼꼼하게 발라주고 컨실러를 사용하여 피부의 잡티나 다크서클을 커버한다. 투명 파우더를 사용하여 자연스럽게 마무리해 준다.

※ 피부의 질감은 세미매트 표현이나 약간 쉬머한 느낌의 이미지를 추가 표현할 수 있으며 펄 파우더를 사용하여 광택감을 주어 마무리한다.

● 아이브로우 메이크업

아이 섀도의 컬러를 강조하는 광고 메이크업이므로 눈썹은 최대한 자연스럽게 표현한다. 깔끔하게 눈썹모를 정리하고 자연스럽게 본래의 눈썹을 살려 표현하도록 한다. 옐로우 컬러감이 도는 아이브로우 마스카라를 사용하여 마무리한다.

● 아이 메이크업

아이 홀 부분에 자연스러운 베이지브라운 계열로 그라데이션해 주어 눈매에 음영감과 입체감을 살린다. 아이 섀도는 옐로우, 카키, 블루, 바이올렛 컬러를 사용하여 눈두덩이를 가로 패턴으로 4단계 그라데이션을 해준다. 언더 아이 섀도는 옐로우 컬러와 바이올렛 컬러로 자연스럽게 연결한다. 눈 앞초리 부분에 라이트 옐로우 골드 펄이나 샴페인 펄을 사용하여 아이 메이크업의 컬러가 돋보이고 화려함을 더해 줄 수 있도록 한다. 이때 아이 섀도의 컬러가 돋보일 수 있도록 눈꼬리 부분을 살짝 길게 빼서 타원형의 모양으로 표현해 준다.

소프트한 블랙이나 다크브라운 컬러의 아이라이너를 사용하여 속눈썹 라인 부분과 윤곽을 그려주고 언더의 점막 부분에 화이트 펜슬을 사용하여 아이 섀도의 컬러들을 더욱 돋보일 수 있게 마무리한다. 눈의 깊이감을 표현하기 위해 인조속눈썹을 사용하고 볼륨감 있게 마스카라를 발라 준다. 이때 포인트 컬러 중 한 가지 컬러를 선택하여 컬러 인조 속눈썹을 사용한다.

● 치크 메이크업

광대뼈를 중심으로 소프트한 피치나 핑크 컬러, 혹은 누드 브라운 컬러를 사용하여 약간 짧은 듯한 터치로 최대한 가볍고 자연스럽게 표현한다.

● 립 메이크업

입술 부분으로 시선이 가지 않도록 글로스만 표현해 주거나 베이지 컬러로 가볍고 자연스럽게 마무리해 준다.

참고문헌

1. 김유리·안나현, 뷰티 메이크업 마스터 2, 구민사, 2017.
2. 이현주 외 3인, The Make Up, 예림, 2016.
3. 이진용 외 7인, MAKE UP ART DESIGN, 청구문화사, 2011.
4. 이윤정 외 2인, MAKE UP IDEA, 청구문화사, 2009.
5. 오인영 외 3인, 메이크업 디자인(ADVANCED), 훈민사, 2009.
6. 윤예령 외 4인, 미디어 메이크업, 메디시언, 2018.
7. 권구정 외 5인, Make-up ICON, 청구문화사, 2008.
8. 김옥연 외 7인, New 미용문화사, 메디시언, 2016.
9. 김지희 외 3인, 20세기 화장문화사, 경춘사, 2015.